闻香识米草

钦　佩　编著

海洋出版社

2023年·北京

图书在版编目(CIP)数据

闻香识米草 / 钦佩编著. — 北京 ：海洋出版社，2023.6
ISBN 978-7-5210-1109-8

Ⅰ. ①闻…　Ⅱ. ①钦…　Ⅲ. ①米草属-研究　Ⅳ. ①Q949.71

中国国家版本馆 CIP 数据核字(2023)第 059565 号

闻香识米草
WEN XIANG SHI MI CAO

责任编辑：苏　勤
责任印制：安　淼

海洋出版社 出版发行
http://www.oceanpress.com.cn
北京市海淀区大慧寺路 8 号　邮编：100081
鸿博昊天科技有限公司印刷　新华书店北京发行所经销
2023 年 6 月第 1 版　2023 年 6 月第 1 次印刷
开本：710 mm×1000 mm　1/16　印张：6.5
字数：110 千字　定价：98.00 元
发行部：010-62100090　总编室：010-62100034

序

流光倏忽，2002年拜识钦佩先生，迄今已有20年。钦老是我非常尊敬的一位生态学前辈——米草生态工程专家。结缘钦老，始于其专著《米草的应用研究》(1992)，当时我还是华东师范大学河口海岸学国家重点实验室的一位系统生态学专业博士研究生。2002年3月，我前往江苏开展滨海湿地生态状况调研，首度慕名前往南京大学拜访钦老。20年来，钦老与我交往不辍，亦师亦友。2021年10月下旬，自然资源部海洋生态监测与修复技术重点实验室开展“互花米草在中国40年：研究与治理”专题调研时，我再赴南京大学拜谒钦老，相叙甚欢。

我一直非常关注国内外有关互花米草的研究与治理工作进展。今年7月中旬，当76岁的“米草达人”——钦老邀请我为他的新近大作——科普图书《闻香识米草》写序时，我因恐力有不逮而犹豫，但同时又对钦老四十余载如一日专做一棵草（互花米草）研究与开发利用的执着精神和开拓者风范景仰和佩服不已，最终还是不揣浅陋，执笔抒臆。

《闻香识米草》一书是钦老整理2021年在“米草达人”微博上全年的精粹小文提升改写而成。当认真拜读钦老发来的书稿时，我一下子被这一书名吸引，钦老以生态文学的笔触，科普滨海滩涂上生长的互花米草的自然性状、抗逆特性、活性物质开发与利用以及互花米草的生态控制与产业化等，娓娓道来，通俗易懂，饶有趣味。读完全书之后，我解开了心中之疑惑：“互花米草真有香味吗?”有，这种特殊的香甜味来自互花米草体内丰富的生物活性物质。据说，钦老米草团队从实验室获得第一杯米草提取物，充满荸荠汤和浓糖醪混合物的特殊香甜味，让整个实验楼的同事闻香而来，陶然而醉。如果秋季进入米草滩，就能闻到成熟米草甜甜的飘香，犹如书中所言，“哪儿有互花米草的香气，哪儿就有野放麋鹿的踪迹”。

此外，书中还介绍了钦老团队开发米草生态工程产业过程中的点滴故

事，引人入胜，令人赞叹。钦老团队研究开发米草生物活性物质，一干就是数十载，开发出系列科技产品，积累了成熟的米草资源化利用技术，成就了一条行之有效的“互花米草生态工程”技术路线。更难能可贵的是，年过七旬并已退休的钦老重新披挂上阵，参与科技部2017年度重点研发计划重点专项“长三角典型河口湿地生态恢复与产业化技术”项目的课题研究，重点研发米草提取物的抗痛风、降尿酸功效，联合研发固体饮料和功能啤酒。

众所周知，互花米草是外来物种。20世纪90年代以来，特别是2003年以后，这一外来物种受社会的关注度非常之高，简直成了滩涂湿地中的“明星”植物。1979年正式引进中国以来，学界对它展开了40余年的大量研究，全国不同岸段其正负效应极其显著，钦老在本书中没有回避这个问题。当前，国家已经批准实施《全国重要生态系统保护和修复重大工程总体规划（2021—2035年）》之九个专项规划之一——《海岸带生态保护和修复重大工程建设规划（2021—2030年）》，滨海湿地互花米草治理是其中的关键问题之一。钦老在本书中深入浅出地介绍了他多年创立的“互花米草生态工程”技术路线，希望用这条技术路线，能有效生态化控制米草的过度繁殖，有序资源化利用我国沿海分布的110万亩（1亩=666.67平方米）互花米草。“野火烧不尽，春风吹又生”“天地不仁，以万物为刍狗”，大自然的力量之大是人类不可抗拒的。因此，我们要因地制宜地科学选择一条既能兴利除弊，又能生态管控互花米草的海洋生态文明之路，方可造福于国民与社会，助力海岸带高质量发展，这才是我们对待这一具有“入侵”特征的外来物种的明智策略。

这是一本既有趣味又有深度的科普之书，能增进读者从不同角度对滩涂米草植物的认识与了解。为此，我很高兴将钦老的这一新作推荐给海洋出版社出版，惠及广大读者。

自然资源部东海局

2022年7月24日于上海

前　　言

抗风防浪建奇功，外来入侵污名绕，亦正亦负谁评说，走进米草见分晓。

提到自然界的香味，人们首先想到的是花香，置身花海之中，分芳扑鼻熏身，瞬感明目提气，顿觉精神焕发。然而还有一些植物的叶片也会散发出特殊的香气，譬如藿香、薄荷、紫苏等唇形科植物以及禾本科的香茅。我国引进的互花米草，也属于禾本科，它也有特殊的香味，你认识它吗？当你踏上米草滩涂，走近米草，它特有的清香扑面而来，深深地呼吸几口，你会觉得神清气爽。本书第 1 章“互花米草是什么草”的第 10 节“互花米草的季相”中“秋的飘香”会带你领略米草的原生香味。另外，第 8 章“互花米草及其提取物的研发纪实”的第 1 节“闻香识米草”又会带你走进实验室，身临其境见识一下米草提取物的奇香。

来自植物的香味物质多有芳香族化合物、酚类、酯类、醇类、萜烯类等，具有通窍益气甚至强身健体的作用。导致米草散发香味的是什么物质呢？你可以从第 6 章“互花米草的活性成分”中认识它们。这些有香味的活性成分对人体有什么益处？你可以从第 7 章“互花米草提取物的健康保障功效”中一探究竟。这些有香味的活性成分对动物有什么益处？你可以从第 3 章“互花米草的原位利用与生态养殖”和第 4 章“外来物种与本土物种和谐共生的典型范例”中寻找端倪。很显然，互花米草所含活性物质的资源化利用及其产业化势在必行，请看第 10 章“互花米草的产业化”。

互花米草是个外来物种，它具有两面性，也就是有其正负效应，这该如何评价呢？请看第 2 章“互花米草的引种及其在不同生态系统中的影响”、第 5 章“蓝碳及其保护与发展”和第 9 章“互花米草的两面性及其生态控制”以及第 1 章、第 8 章中的相关内容，从中寻找答案。

感谢自然资源部东海局叶属峰处长为本书写序。感谢复旦大学李博教授为本书提供了5张照片（图1-2、图1-4、图1-10、图2-3、图9-1），感谢盐城自然保护区吕士成科长为本书提供了2张照片（图1-13、图9-4）。本书其他照片由我本人提供。

互花米草产业化的发展，离不开南京施倍泰生物科技有限公司和广药集团的参与和助推，在此，对广药集团为本书出版提供资助表示衷心的感谢。

2022年7月23日

目　　录

第 1 章 互花米草是什么草

1. 互花米草是大米草的“老爸”

有不少人将互花米草(*Spartina alterniflora*)(本书也简称为“米草”)称为大米草，明知错了还非常顽固，不想改变称谓。或许他们感到叫顺口了，或许感到无所谓，或许他们认为你说的也不一定对。今天我告诉大家，互花米草是大米草的“老爸”(也有人推测前者为后者的“老妈”)，大米草是互花米草和欧洲米草(*Spartina maritima*)的杂交种。

19 世纪初，由于大西洋商船从美国开出时，就地取材，用互花米草做压仓物，到了英国港口卸货时，将压仓物互花米草倾倒在海滩上，造成互花米草的花粉飘落在当地欧洲米草的柱头上，这个植物的有性杂交过程，造就了杂交种大米草的诞生。由于最初在英格兰岛的南安普敦海滩发现这个能结籽的杂交种，故而它的拉丁文名字是 *Spartina anglica*，而由于它茎叶的形态貌似水稻，所以它的英文名叫“Big Rice Grass”，翻译成中文就叫“大米草”。

大米草像它老妈，个子不高，但是它的杂种优势在于它的叶片中叶绿素含量、蛋白质含量等超过其父母，茎叶比偏低而叶子占比高，更有利于饲用，方便食草动物采食。

由于大米草个子不如它老爸(互花米草)，抗风防浪的作用也比不上它老爸，所以在 1963 年我国引入大米草后，1979 年又引进了互花米草。另外要提及一下，互花米草穗轴上的小花呈互生排列，而不是对生，因此而得名(图 1-1)。

图 1-1　江苏盐城滩涂互花米草

2.“吐”盐高手

互花米草是咸的，如果你尝过米草的滋味，就会有这样的感觉，不过咸中还带有一丝清甜。它生活在潮来潮去的潮间带，每天要被含盐量3%左右的海水淹渍两次，每次好几个小时。但是，它却不会苦咸，这是什么原因呢？除了互花米草这个盐生植物有一套抗盐的细胞学机理(储存一部分盐分进入细胞的液泡中，以免伤害其他的亚细胞结构)以外，它还会将过多的盐分“吐”出去。

怎么“吐”？互花米草的叶片和茎秆表皮分布有很多盐腺小体，其中积累了满满的盐分，适时“吐”到表皮外面，在叶和茎的表面形成许多亮闪闪的白色盐晶，甚至一层雪白的盐霜，这就是互花米草的泌盐过程，将体内无法储存的过多盐分排出体外(图1-2)，让下次到来的潮水将它洗涤干净；大自然造就了这样的“吐”盐高手，生长在高盐的环境中自强自立，不受伤害，你能不啧啧称奇吗？

图1-2　互花米草茎秆表面盐腺分泌的盐粒
(李博提供)

3. 耐淹的妙招

一般的陆生植物天天被水淹是受不了的，而互花米草每天被海水淹没两次，每次要淹好几个小时。和人一样，任何植物每时每刻都需要呼吸，在被海水淹没时，互花米草怎么呼吸？它到底有什么高招呢？

互花米草的茎秆是中空的，从茎秆顶部直至基部，乃至根区，通气结构(通气组织)一贯到底，能将空气输送到被淹没的植株的各个部位，保证植株能在受淹缺氧的状况下维持基本的呼吸需要。这个妙招就像“游击队员”在芦苇荡中衔着一根中空的芦苇秆能在水下躲藏小半天一样。

当然，互花米草还和其他的沼生植物、水生植物一样，有一套耐淹的生物化学保护机制，通过长期的适应性进化，练就了一套酶系统的保护本能，使植物能在最低限度内维持呼吸、光合作用等生命机能，度过常规植物无法度过的危机时刻。在这方面，互花米草的耐淹抗逆的本领更为突出(图1-3)。

图1-3　互花米草不畏惧海水淹渍

4.“吃得多”的C4植物

互花米草个大体壮，当然必须“吃得多”才能维持它的日常需要(图1-4)。它的这个“吃得多”就是摄入的能量多，在同等条件下吸收的二氧化碳多，以合成大量的碳水化合物，保证植物的生长发育。互花米草属于C4植物，有这个本领。

所谓C4植物是指在光合作用的特种路径下，其光合作用最初产物是草酰乙酸，是四个碳的化合物；而另外一类称为C3植物的光合作用最初产物是3-磷酸甘油酸，是三个碳的化合物。两种类型的植物光合作用的路径不同，光合效率也不同，当然，C4植物的光合效率高于C3植物。而且，

从细胞结构上来看，两类植物的维管束鞘细胞内含物有所不同：C3 植物的维管束鞘细胞不含叶绿体，而 C4 植物的维管束鞘细胞含有大量叶绿体，其个体还大。难怪 C4 植物的光合作用能力比 C3 植物要强多了，“吃”进去的碳也就多了。和互花米草同属于 C4 植物的还有玉米、高粱、甘蔗等，C3 植物如水稻、小麦、棉花、大豆等。

图 1-4　互花米草发达的地上部分和地下部分(李博提供)

5.“多子多福”

互花米草具有很强的繁育能力，包括有性(种子)繁育和无性(根茎)繁育。互花米草种子成熟后籽粒脱落(图 1-5)，一部分滞留于种群内植株附近，大部分脱落的籽粒在潮汐、风力的作用下，从种群内向外漂流传播到远处。这些种子被潮水带来的泥沙埋藏，来年 4—5 月份，一部分传播到远处的种子遇到适宜条件可发芽生长，形成远离原来种群的互花米草实生苗斑块(图 1-6)，实现新的扩张。互花米草种子产量非常高，华东师范大学张利权课题组在崇明东滩的实测研究表明，中潮带互花米草的种子产量最高，达到 44 523 粒/m^2，高潮带为 31 150 粒/m^2，而低潮带为 17 250 粒/m^2。此外，春季互花米草的地下根茎开始分蘖形成分蘖幼苗，一株互花米草成体一年可分蘖出数百株分蘖苗，其分蘖苗不仅粗壮并且生长速度快，在种群内部形成较为稠密的分蘖苗种群，同时在种群或斑块的边缘其分蘖苗向四周扩展。

掌握了互花米草的“多子多福”繁育特征，我们恰好可以在其籽粒成熟的旺季 11 月份收获其地上部分进行提取加工，这样就可以阻止其大量种子的飘落和迁移，有效管控互花米草的进一步繁育扩张。

图 1–5 互花米草的穗子

图 1–6 互花米草群落外围的斑块

6. 优势种

生态系统学的研究指出，盐沼是世界上生产力最高的生态系统之一。而盐沼就是指以互花米草为优势种的一类海滨生态系统。所谓“优势种”的含义是指，互花米草以其 C4 植物的身份获得 3 000~5 000g(生物质)/m^2的年初级生产力，加上其繁殖力超强的本领，成为盐沼中生命力超过其他植物的优势种，在海滨滩涂上往往形成强势的单种群落(群落中清一色的都是互花米草)(图 1-7)。

进化生态学告诉我们，在植物长期进化过程中，分化出具有两种生存对策的物种，一类是 r-对策者，另一类是 k-对策者。r-对策者是新生境的开拓者，但存活要靠机会，所以在一定意义上它们是“机会主义者”，很容易出现“突然的暴发和猛烈的破产”；k-对策者是稳定环境的维护者，在一定意义上，它们是保守主义者，当生存环境发生灾变时，很难迅速恢复，如果再有竞争者抑制，就可能趋向灭绝。r-对策者能适应恶劣环境，个头较小，长得快，繁殖率高，但是代价就是寿命短；k-对策者刚好相反，它们在资源丰富环境稳定的地方能称霸，个头较大，较长寿，但是长得慢，繁殖率也低。

很显然，互花米草在长期进化的过程中，发展为兼有 r-对策和 k-对策的双对策植物，在盐沼中其优势种的地位不容撼动。因此对待这一强势外来种只能采取利用+控制的生态管控策略，一味硬性绞杀只能事倍功半。

图 1-7　滩涂上的优势种互花米草单种群落

7. 自组织能力强

向日葵"向日"葵，它的葵花盘能转动，总是朝向太阳，接受更多的光能。树上的叶片排列也是非常有序的，它保证每一片叶子的位置恰到好处，使得植物的绿色组织整体能获取最大量的光能，支撑其光合作用。植物的这种本领称为"自我设计""自组织"，目标总是让系统朝着获取最大能量的方向发展。

互花米草的自组织能力表现在诸多方面，列举两条如下。

在20世纪80年代初，我们南京大学米草团队执行国家任务，去福建罗源湾种草，当时育出的草苗很金贵，有老师提议，要在滩涂上拉线种植，像种水稻一样，保证"横平竖直"，让有关部门来验收时，显得好看；我认为没有必要，因为互花米草的自组织能力强，它的强势分蘖会填补任何横不平竖不直的缺陷，整个滩涂种植区几个月后会连成一片，哪里还能分出原初的"横平竖直"呢？事实证明，果然如此。

此外互花米草种子飘落到远处萌发后形成的实生苗新区，通常是一个个圆丘状，以减少浪潮对新斑块的冲刷和摩擦力，之后，借助分蘖苗的作用，一个个圆丘合并连片，再和米草植被的老区无缝对接，整体的抗风防浪作用就会更强，这是多么高明的"自我设计"和"自组织"能力呀！

8. 以柔克刚

海滨湿地生态系统中有两大植被具有强势抗风防浪的作用，一是分布在热带和亚热带南缘的红树林，另一个就是互花米草。2004年印度尼西亚特大海啸中，凡是有红树林防护的海岸，受损程度大大降低。

根据实测数据对比研究，连片的大型互花米草植被的抗风防浪功效强过连片的红树林。红树林是木本植物，当红树林向海一侧高1.1 m的波浪通过100 m宽的红树林时被衰减为0.91 m；通过200 m宽的红树林，波高降低至0.75 m。越过的红树林宽度愈大，波高衰减就愈明显。当红树林宽度增加到1 000 m时，波高几乎可以忽略不计，只有0.12 m。而作为草本的互花米草依靠高大密集的植株，以柔克刚取胜。波浪每传入互花米草

1 m，波能就损失约 26 %；40 m 宽的互花米草带，其消浪效果就相当于建造 2. 0 m 高潜坝的消浪效果。南京水利科学研究院在浙江温州的现场测试表明，5 m 高的风浪通过 100 m 宽的互花米草带时，互花米草带的消浪能力为 97%，是红树林消浪能力的 10 倍。

9. 少有天敌

由于互花米草生存于极端环境，所以即使在原产地也很少有天敌(那些天敌也得适应极端环境，实属不易)。据报道，发现有叶蝉吸食米草的汁液，估计并非普遍现象。我在美国东西部有互花米草的几个州的米草盐沼都没有发现，也没有当地同事向我反映，也没有看到清晰的照片发表过。仲崇信先生在“近年国外大米草研究概况”(发表于钦佩、仲崇信主编的《米草的应用研究》，1992 年)中曾记载了“腐株病普遍发生于英国南海岸，导致大米草带的衰亡”，但是，没有在其老爸互花米草身上发现这种病的报道。

互花米草引种到我国后，也没有发现有天敌可以遏制其生长。1995 年我与华盛顿州立大学的学者交流米草控制问题时，对方问我，有没有什么动物吃互花米草？我说：“挺多的，羊、牛、鹅这些食草动物，现在还有麋鹿，但是它们都不是互花米草的天敌，它们不可能危害米草。”对方挺失望的。我又告诉他们：中国人喜欢用“吃”解决问题，像对付危害我们秧苗的小龙虾，我们就吃掉它，如今在中国养殖小龙虾成为一个产业，还供不应求。对付米草，我们也希望用“吃”解决问题，我们已经把它的提取物作为功能食品来开发，当米草的食用形成一个规模化的产业时，我们对它的生态控制就成功了。

10. 互花米草的季相

春的萌动

春来了，大地有一番复苏的迹象，一些冬眠的小虫蠢蠢而动；然而，春寒料峭会无情地把它们打回到“地府”里去。潮滩也有一番春潮涌动，同样，寒意也会随着潮涨潮落传递给滩涂上的每一个生命，底栖动物们只得继续在洞穴里蛰伏。可是，在冬天也没有完全歇息的互花米草，获得春的信息后，不管不顾地憋足劲萌动了。在茎的基部和地下茎的节上，常有小芽破土而出，倔强地昂着首，甚至展开新叶，成为新的植株，新个体往往比母体更加粗壮。一场倒春寒会把过早萌发的滩涂新绿摧毁，至少冻蔫，然而抗逆优势种互花米草却毫不畏惧，整个芽头微微发红，在寒风中扛着。

大地春暖花开时，潮滩上的互花米草生理活动更是活跃，根的吸收功能增强，除了吸收土壤和海水中的矿质元素外，地下部分储藏的营养物质也输送出去，以供地上部分的快速生长。互花米草积蓄了丰富的营养和能量后，展开强有力的分蘖扩张，每株一年可分蘖出数百株新苗，春季其分蘖苗不仅粗壮并且生长速度快，在斑块内部形成较为稠密的分蘖苗种群，同时在群落或斑块的边缘通过分蘖向四周扩展。另外，脱落并滞留于斑块边缘的少量互花米草种子萌发而形成实生苗，这些实生苗在斑块边缘也生存下来并对群落的扩张做出部分贡献。至此，滩涂上互花米草群落完成了春季换装，披着新绿，开始新的一年建群扩张(图 1-8)。

图 1-8　春天里互花米草种子实生苗竞相萌发

夏的绽放

“吃了端午粽，再把棉袄送”，这句老话已经不应景了；在南京，夏与春几乎没有明确的分界，阳历 5 月 5 日一立夏，热风就开始吹遍全城；在沿海滩涂也开启了热的节奏：优势种互花米草直往上蹿个子，一片片叶子伸开臂膀，绽放自己，这浪漫的姿态感染着食物链上的“小朋友”，招潮蟹、跳鱼、沙蚕，它们依靠米草碎屑的供养，活力四射，向更高一级的“阶层”推送自己。进入盛夏，阳光将空气炙烤得热辣辣的，把海水都“煮得”热乎乎的，高滩上的底泥被晒得龟裂，表面白乎乎地蒙上了一层盐霜。蝉儿振翅叫热，底栖动物们大都爬到米草群落中避暑，唯有互花米草不含糊，它们吸收高强度的光照，通过 C4 植物特有的光合作用路径，合成四个碳的草酰乙酸，提高固碳能力，强壮自己，为抗风防浪、保滩护岸积累资本。

盛夏中的互花米草植株粗壮高大，地上高度一般可达 1. 0~2. 8 m；地下根系发达，通常由长而粗的地下茎和短而细的须根组成，并多密布于0~50 cm 土层中，有些根系可深入滩涂土壤达 1. 5m 左右；每个地下茎通常有数节至十多节，在地下 20~50 cm 深度横向生长，滩涂上的零星草丛每年可向四周辐射一至数米，盛夏达到最高生长速度；其圆锥花序一般长20~40 cm，由 10~20 个长 5~20 cm 的穗形总状花序组成，穗轴细长，有 16~24 个小穗，在穗轴外侧呈两行排列，小穗侧扁，长 1cm 左右。互花米草花的绽放从 7 月开始，一直持续到秋天，两性花，子房平滑，双柱头很长，呈白色羽毛状，开花时外露，展现出特殊的美姿(图 1-9、图 1-10)。

图 1-9　夏日里米草生机勃发

图 1-10　互花米草花序(李博提供)

秋的飘香

秋天是丰收的季节，许多植物果实累累，散发出诱人的香味。互花米草作为禾本科的一员，没有硕大的果实，只有小小的颖果(种子)，而且是瘪瘪的，几乎没有胚乳，淀粉等营养物质含量不足。但是进入10月份，互花米草进入成熟期，全株呈现黄绿色，慢慢变成金黄色，体内富含的各类活性物质(包括多糖、皂苷、黄酮、维生素和多酚类等)达到峰值；因此它也向四周释放出其特殊的香气(类似荷藕的香味)(图1-11)，吸引着滩涂上对它感兴趣的人，还有依赖它的食客：沙蚕、螃蟹、跳鱼、植食性线虫……当然还有野放麋鹿。如果说“闻香识女人”说的是根据不同化妆品的香型来判断女士的喜好、性格，甚至推断其为人，那么“闻香识米草”对研究它的人来说，是判断米草的成熟度、品质，甚至推断其“生态型”的依据；而对麋鹿来说，就比较简单、直接，这特殊的甜甜的藕香味，就是野放麋鹿的最爱，会引导它们觅香奔走：米草不仅是野放麋鹿的食源，还是其水源指示地(米草丛中的潮水沟)，秋熟后高大的米草更是成为野放麋鹿遮风避雨的庇护所，麋鹿还会用它高大的身躯将米草秸秆压倒，“自制”成那充满香气、疏松软和的米草垫，以为野放麋鹿孕育下一代的产房。如今米草已和野放麋鹿结成生死相依的共生伴侣，野放麋鹿已经从大丰米草滩出发，向南经过东台的条子泥米草滩，一直抵达启东长江口的米草盐沼；向北经过射阳米草滩，已经抵达赣榆县的米草盐沼。哪儿有互花米草的香气，哪儿就有野放麋鹿的踪迹。江苏人很明白，麋鹿要保护，米草绝不能根除，如果做那个蠢事，岂不要了野放麋鹿的命？

图1-11　秋日里的互花米草季相：植冠披上一层金色，通体散发出特殊香气

冬的含蓄

冬季的寒冷、狂风、暴雪是对许多生命的“肃杀令”，在这个严酷季节的面前，一年生植物绝不能越冬，而多年生植物地上部分会逐步枯死；许多昆虫结束了它们短暂的生命，或者留下后代在土壤中冬眠；许多候鸟不畏艰险，不远千万里，南迁越冬。多年生的互花米草与众不同，在冬季里采取一种“含蓄”的做法：将许多“有生力量”转移至地下部分（根茎和根部），待来年春季再图萌发；部分有机物随枯落的茎叶和有机碎屑释放进海水和土壤中，提供给生态系统中的消费者；此外，米草对特殊的消费者（亲密的共生伙伴）野放麋鹿可谓“网开一面”，“特殊照顾”，择机（在两个寒潮之间）在茎的基部努力生出一些幼芽，趁着冬日里有限的光照进行光合作用，为野放麋鹿提供一些“细粮”绿叶（冬季里野放麋鹿吃的主要是互花米草的枯黄秸秆）。当然，米草“含蓄”照顾的不只是野放麋鹿一种，它基部幼芽的贡献还惠及滩涂生态系统中的其他消费者，如底栖动物，甚至还有来苏北滩涂越冬的候鸟（图 1-12、图 1-13）。

图 1-12　冬日里互花米草通体金黄，惹人关注，作者检查东台冬日的米草：金黄色的地上部分愈加纤细，其基部仍保留有一抹绿色

图 1-13　冬日里的大麻鳽在互花米草丛的“庇护所”中歇息（吕士成提供）

第2章 互花米草的引种及其在不同生态系统中的影响

1. 引种与入侵

由于互花米草在保滩护岸、促淤造陆等方面为人类社会提供的巨大的生态-经济效益的潜力，多国曾经有计划、有目的地引种互花米草(当然也有无意引入的)，其中特别突出的是我国，于1979年12月由原国家科委安排任务，由南京大学仲崇信教授组团赴美考察后引入。1963年，同样是仲先生，在国家安排下，为了保滩护岸、促淤造陆，曾经从欧洲引进了大米草，大米草一度在我国沿海发展到50万亩，各地反映其植株偏矮，收割和综合利用不方便，故才引进了个子高、生物量大的互花米草。

特别强势的外来有害物种进入本土生态系统，对本土物种及生态系统实施了伤害、侵噬乃至毒杀和破坏，称为“入侵”或“有害入侵”。这种“入侵”或“有害入侵”对本土物种和生态系统造成的损害是很严重的。

此外，当一个外来物种引入到新的生态系统，如果该系统中适合其生长繁衍的位置基本上是空的，生态学上称为“空生态位”，它立足于该生态位后发生了暴发性的繁殖和扩张，这个过程称为生态学意义上的“入侵”，对本土物种和生态系统的影响和损害或轻或重。我国海滨盐沼(淤泥型海岸)原本大多是光滩，稍上位置分布一些稀疏矮小的碱蓬，缺乏大型禾草，互花米草引入到这一“空生态位”后，恰到好处，没有任何障碍，发展很快，成为海滨盐沼优势种，如今在我国沿海已发展到110万亩。虽然互花米草“入侵”了我国海滨盐沼，挤占了碱蓬等本土盐沼植物和底栖动物的发展空间，但客观地说危害不大，其正生态效应为主，保滩护岸、促淤造陆给我国沿海地区带来巨大生态经济效应，因此，互花米草的“入侵”不能归类于“有害入侵”，兴利除弊，生态管控，是对这一具有“入侵”特征的外来物种的明智抉择。

2. 盐沼与米草

盐沼、河口和红树林是海滨湿地三大生态系统，互花米草在这三大系统中均有存在，由于这三大系统的环境特征有所不同，互花米草的存在、表现和影响也有区别，现分别予以介绍。

盐沼是陆地与海洋相接的过渡带，由于陆地的河流带来的泥沙和海洋潮汐裹挟的沉积物交汇于潮间带，发育成盐沼生态系统。盐沼的沉积物多由淤泥和粉砂组成，当沉积物粒径增大，沙性成分占绝对多数，潮间带就转变为沙滩。盐沼与草本盐沼植物是相伴而生、不离不弃的，盐沼的代表种普遍认为是互花米草，原来中国的盐沼是光滩为主，自从引进互花米草，我国的盐沼也有了其代表种。由于潮汐的作用，盐沼的表面被刻蚀成的多条泥沟称为“潮水沟”，潮水沟中积水的盐度与当地的降雨量和附近河流的淡水补给有关，如果在潮水沟两侧发育的互花米草优于盐沼主体部分，指示潮水沟中的盐度较低，生物多样性也会比较丰富。

我国盐沼的发育与大江大河的泥沙供应关系密切，如果泥沙供应不上，或数量降低，盐沼发育不好，互花米草长势也不会好。因此，我国的淤泥质海岸，凡是淤长型的岸段，互花米草盐沼整体发育良好(图 2-1)，而在侵蚀型岸段，互花米草盐沼整体发育不良，互花米草甚至不能生长。

图 2-1　我国苏北海滨的互花米草盐沼

3. 河口与米草

河口是大江大河与海洋系统对接的生态过渡带，具有丰富的生物多样性。河口的水文特征非常独特，具有从河流向海洋的水体盐度逐步升高的趋向。此外，表层水体盐度较低，下层水体盐度较高。随着泥沙的不断供应，河口沉积物会堆积形成沙洲，进而形成新生陆地。我国第三大岛崇明岛就是长江口沉积物堆积形成的。

河口环境对互花米草来说非常适宜，它占据潮间带一定的生态位，但是，由于河口水体盐度偏低，植物的条带性分布不明显，本土植物芦苇、藨草和互花米草混生在一起，互花米草的强势和入侵性表现明显(图2-2、图2-3)。崇明岛引种互花米草初心是保滩护岸和促淤造陆，获得大量新增陆地；还有华东师范大学陈吉余院士团队在附近的九段沙实施“种青(互花米草、芦苇等)引鸟”生态工程，保护了浦东机场的安全。然而当崇明东滩建立了自然保护区，外来种互花米草就变成入侵的“不速之客”，招致大加挞伐。自然保护区向上海市政府申请了根除互花米草的资金，用工程措施消灭米草，大片互花米草植被毁于一旦。对于河口湿地来说，互花米草是此消彼长，据说，外围的互花米草又强势地发展起来了。

图2-2　黄河口的互花米草：大片芦苇群落外的互花米草圆丘状群丛

图2-3　长江口的互花米草：与芦苇及海三棱藨草混生(李博提供)

4. 沙滩与米草

由前两节可见，盐沼与河口是互花米草的适宜生态环境，至于基岩型的海岸、沙滩，是人类度假休憩的场所，植被相当稀少，亦非互花米草的适宜环境。我在我国北南两处沙滩偏上的位置发现了不多的米草群丛，一处是威海港西镇北侧的沙滩，有几处大米草群丛，每年去看一次，几乎没有什么扩张的趋势；还有一处是澳门路环荔枝碗海滨的沙滩靠上处，在几棵小红树旁边有一片互花米草群丛，2009 年发现的时候不到 1 亩(图 2-4、图 2-5)。

图 2-4　威海港西镇北侧海滨沙滩上的大米草群丛

图 2-5　澳门路环荔枝碗海滨沙滩上的互花米草：2009 年不到 1 亩

沙滩对于植物来说是个非常严酷的环境，兜不住水，藏不住养分，只有部分耐盐的沙生植物可以站得住脚，缓慢生长。有一种叫狐米草的米草属植物可以在这个环境中生长。狐米草是美国东部沿海的本土植物，茎秆柔软，成熟的时候地上部分整体弯曲下垂，呈金黄色，犹如狐狸尾巴，由此得名。狐米草耐旱耐盐，是不错的耐盐牧草，南京大学盐生植物实验室曾经做过一些研究，培养在南京大学智能化温室的狐米草细胞工程苗曾运往天津开发区保护海档(图 2-6)。

图 2-6　南京大学智能化温室中栽培的狐米草

5. 米草与红树林

在我国南方典型的成片红树林系统中是不可能让互花米草有立足之地的，这不仅因为矮则 6~7 m，高则 10~20 m 的红树密密麻麻，压制了草本植物的光合作用，而且，红树的化感作用也让外来者难以存活。譬如我考察了海南、台湾、广东、香港等地的红树林，难觅互花米草的踪迹。

只有福建的红树林，由于温度的原因，本身发育得不是很高大，会在红树林的周边地区发现互花米草的存在。但是，互花米草只限于在外

围，钻不进林子里面去，大可不必担心互花米草对红树林的入侵和损害。福建漳江河口的红树林外围分布有互花米草，就是一例(图 2-7)。当然，如果出于人为原因开发破坏了红树林，有可能会给互花米草以可乘之机。

图 2-7　福建漳江河口红树林外侧的互花米草，无法入侵至其后方茂密的红树林中

6. 美国本土的米草

道地的美国(北美洲)本土互花米草是分布在加拿大的纽芬兰到美国的佛罗里达沿海地区，互花米草在大西洋西海岸土生土长，在那儿很少有人为的修筑海堤、围垦等大型工程实施，故而，互花米草的种群发展自然而平缓，与其他物种基本上是和谐共处，没有非常突出的竞争情况发生。美国东部的部分学者将非本土植物的芦苇视为“入侵种”，称之为“披着羊皮的狼”，入侵了美国东部海滨湿地，与互花米草有竞争现象。实际上并不典型，却也成为入侵生物学中的又一个案例。

南京大学仲崇信教授团队 1979 年引进的互花米草是从美国北卡罗来纳、佐治亚和佛罗里达三个州采集的，我们的研究发现，来自这三处的草是三个不同的生态型，北卡罗来纳型茎秆偏细，佐治亚型茎秆粗壮且偏高，佛罗里达型偏矮，也较粗壮，叶色常年偏绿。如今引入我国的这三个生态型已混生在一起，很难分辨伯仲(图 2-8、图 2-9)。

图 2-8 原产地美国特拉华湾的互花米草，平和，自然，歌雀栖息其上

图 2-9 美国佛罗里达大沼泽的互花米草与其他盐沼植物和谐共处

7. 美国西部的米草和牡蛎的故事

美国西部本没有互花米草，是由从东部的切萨皮克湾运送牡蛎的商船带着压仓物互花米草一同来到华盛顿州威拉帕湾的。威拉帕湾 Nahcotta 镇的人将东部引来的牡蛎养得很好，也对外来种互花米草十分宽容，因为这种植物净化了海水，提高了牡蛎养殖的质量。

可是华盛顿州立大学的一些学者却杞人忧天，说什么总有一天互花米草会填满整个威拉帕湾，还鼓动州政府用除草剂灭杀威拉帕湾的互花米

草。此举遭到威拉帕湾当地环保组织的强烈反对，他们用推草机在密集的米草群落上推出“NO POISON”(“不准投毒”)的字样，呼吁当地居民保护米草滩，保护牡蛎养殖，保护他们的家园。他们通过西雅图的知名记者(曾为了考察米草的应用专门出访中国并到南京大学采访了笔者)邀请我去为他们站台。1995 年西雅图南部的威拉帕湾 Nahcotta 镇环保组织专门发函邀请我去参加他们的米草利用圆桌会议，介绍米草提取物生物矿质液在中国的应用，并期望我帮助威拉帕湾免遭化学品的荼毒。访问期间我亲眼看见他们对互花米草的综合利用，除了利用米草滩涂为牡蛎养殖的湾区净化水质之外，还用米草秸秆做马铃薯种植的覆盖物，用米草秸秆造纸以及用精制的米草茎叶泡茶等(图 2-10 至图 2-12)。

Ad Hoc Coalition for Willapa Bay
Box 82
Nahcotta, Washington, 98637

Spartina Roundtable
& Oyster Roast

Noted Estuary and Spartina Scientist to Speak

November 19,1995 2-6 p.m.
Sunday

Moby Dick Hotel
Sandridge Road, Nahcotta, Wa.

Dr. Qin Pei, noted estuary and spartina scientist from Nanjing Univeristy's Spartina Institute will join friends of Ad Hoc Coalition for an afternoon roundtable discussion and oyster roast. Dr. Qin Pei has invented Biomineral Liquid, a spartina extract used in China for various healthful purposes and is very knowledgeable about estuarial life and tidal lands.

Help make Willapa Bay a Chemical Free Zone

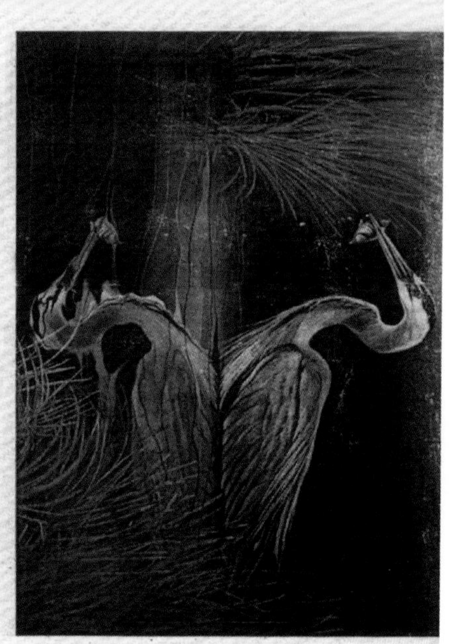

artwork adapted from Marie Powell's 'Fishing'

图 2-10　1995 年作者应邀访问美国威拉帕湾，当地一个环保联合会的海报

Here's to your health

BILL WAGNER / THE DAILY NEWS

Edward Cohen, right, of Nahcotta, shows Chinese scientist Qin Pei, center, how he gathers washed-up spartina stalks to use for garden mulch. Cohen and wife, Fritzi, left, gave Qin a spartina sample to take back for mineralogical testing at Nanjing University.

图 2-11 美国西部威拉帕湾当地报纸报道 Nahcotta 镇的 Cohen 夫妇重视利用互花米草秸秆，他们正在覆盖有机蔬菜

图 2-12 美国西雅图南侧的 Nahcotta 镇的 Cohen 先生用米草秸秆造纸

加利福尼亚大学的少数学者也为互花米草入侵和与加州米草杂交而忧心忡忡，但是他们的学生在野外工作中，在互花米草滩上发现了东部飞来的美丽的歌雀和濒危鸟类长嘴秧鸡，后者的生存离不开互花米草，灭杀了互花米草就会使得长嘴秧鸡无家可归，于是他们便起了"爱屋及乌"之善念，停止灭杀，要求对互花米草实施生态管控。

8. 欧洲的米草

在英国的情况是，自从杂交种大米草诞生后，它的老爸老妈日子就不好过(也许互花米草在那儿"水土不服"，从来就没有形成优势)，结籽罕见，面积缩小；相关研究证明，大米草的迅速发展蔓延与其杂种优势有关，另外有些地方海滩的"空生态位"给它造成可乘之机。

大米草在英国广布于英格兰和威尔士，在有些河口湾经过一段时间"蛰伏"后会突然"暴发"，但是英国南部海岸的腐株病给大米草带来灭顶之灾，大米草滩的崩解将海岸线暴露于风浪的侵蚀之下，导致普尔港海向航道刷深，梯度变陡，潮量增加。

欧洲对大米草的入侵普遍持宽容态度，他们重视大米草的利用，不仅利用它来保滩护岸、促淤造陆，而且英国还用其做牧草和生物燃料；其次是荷兰，荷兰的另一个国名是"The Netherlands"，意思就是"低地"，有1/4到一半的国土低于海平面，因此，荷兰的保滩护堤是生死攸关之事，大米草在这方面发挥了很好的作用。丹麦也很重视其促淤造陆的作用。

9. 米草在中国的引种与发展

在1963年国家决定引种大米草之后，南京大学仲崇信教授带领的课题组东奔西忙在沿海地区推广种植，到1978年已发展到15万亩。为了进一步发展沿海滩涂植被，更好地实施生物护岸，抗风防浪，促淤造陆，1979年国家科委下达任务引进互花米草。此后，为了支持米草种植推广和研究开发，教育部1983年批准成立"南京大学大米草及海滩开发研究所"，仲崇信教授任第一任所长，1994年该所更名为"南京大学生物技术研究所"。

一直到20世纪90年代末，米草的研究开发一直是南京大学的“专有”特色，汇集的成果有两本代表作：《南京大学学报 米草研究的进展——22年来的研究成果论文集》(含29篇研究论文，24篇研究简报，1985)和《米草的应用研究》(含30篇应用研究与开发的论文，1992)，曾获得多项科技奖，包括全国科学大会奖。

20世纪90年代末到21世纪初，随着入侵生物学的兴起，美国西部的一些学者对米草的批评挞伐染及我国学界，于是我国学界也一哄而起，对米草加以关注，对外来种研究的热情空前高涨，使米草的研发(包括批评挞伐)一度成为热点。现在一部分学者与华盛顿州立大学的观点一致，非致米草于死地不可，鼓动搞大工程绞杀(包括围垦)互花米草，结果事倍功半，劳民伤财，效果不好；也有部分学者和南京大学米草团队观点相近，希望通过米草的资源化利用对互花米草实施生态管控；现在还有不少学者关注米草的固碳作用，希望利用互花米草资源为我国实现碳中和做贡献。

如今，互花米草在我国已发展到110万亩，其中40%以上在江苏，南京大学米草团队将一如既往立足江苏，加强研发，做好米草资源化利用，做大做强米草产业，为我国沿海地区的可持续发展竭尽全力(图2-13至图2-15)。

图2-13 互花米草引种人仲崇信教授在南京大学大米草及海滩开发研究所植物园检查引进的互花米草种苗(1980年)

图 2-14 我国第一块较大规模的互花米草滩涂：盐城射阳互花米草盐沼

图 2-15 1990 年仲先生与作者等陪同美国专家考察射阳互花米草

10. 米草的归化

物种的迁徙、交流与归化是地球地质演变过程和地球生物进化过程所承载的重要现象。人类社会发展史中有意与无意进行的引种与物种驯化(人为选育)和归化(自然演化)的例证不胜枚举。植物的引种(入侵)及驯化(归化)是这些重要现象中的一部分。归化植物(Naturalized plant)是外来植物的一个子集，植物进入一个新的分布区之后，经过长期适应和演化，已经成了本土生态系统不可分割的一部分，其生态作用和生态学意义已与本地种无显著差别。互花米草引种到美国西部威拉帕湾已有超过 100 年的历史，引种到圣弗朗西斯科湾已有近 50 年的历史，引种到中国沿海地区(特别是江苏盐城)也有 42 年的历史。在这些地区，互花米草已表现出“入乡随俗”、归化本土的倾向。

互花米草的两面性是一个矛盾统一体，是统一于互花米草这一强势物种自身的两个方面。它的本质所在就是其正负生态效应互为镜像体，同时显现，但在时空域中会有强弱不同的表达。

作为海滨盐沼湿地的大型植被，互花米草一方面会为这个环境中栖息、繁殖和越冬的底栖动物、珍禽和哺乳类动物提供营养、栖息和庇护场所；另一方面也因为改变了海滨湿地的微地貌、水文条件和营养结构，可能对原先以这个环境栖息、繁殖和越冬的底栖动物、鸟类等不利。

南京大学米草团队研究了苏北海滨湿地底栖动物的时空分布，发现互花米草盐沼中的底栖动物生物量明显高于光滩，但是物种数目不及光滩，两个系统中的种类也不尽相同。光滩中的软体动物(主要是贝类)多于草滩，而草滩中生活着数量众多的甲壳类和多毛类(尤其是双齿围沙蚕)。

我们还以最新研究成果揭示了互花米草所提供的海滨生态系统服务功能，特别是为我国特有的一级重点保护动物麋鹿野放提供无可替代的栖息地(将在第4章中详述)，充分显示其本土化的倾向。这一研究成果在一次大丰麋鹿保护区的国际会议上报告过，受到与会中外学者的高度关注与肯定。

第3章 互花米草的原位利用与生态养殖

1. 奶牛养殖业

米草与牛奶产业有渊源，后面将会介绍，米草提取物曾用于开发“微多牛奶”，而且能显著提高人体免疫力，运动员冬训期间服用它，抗感冒，提高运动成绩。在谈原位利用时是说直接利用米草饲喂奶牛，而不是用米草提取物开发乳制品。上海光明奶业集团曾经和我们探讨过利用互花米草或狐米草添加到奶牛日粮的粗饲料中，以开拓耐盐牧草的利用渠道，一方面增加奶牛饲源种类，另一方面可大面积利用米草。于是我们盐生植物实验室的两个博士生做了米草饲喂奶牛的试验，他们在奶牛场做了奶牛瘤胃取样试验(即在不影响奶牛健康的情况下，于牛身体左侧的第13根肋骨处开口，安装一个橡胶圆筒瘤胃瘘管，定期采集瘤胃液体，精准观测奶牛瘤胃的消化情况)。试验结果证明，添加20%的互花米草鲜嫩秸秆到奶牛粗粮中是可行的，不会影响产奶量和牛奶品质。此外，米草经过青贮可改善适口性，奶牛更喜欢采食。当然规模化的利用米草饲喂奶牛，还是要光明奶业或其他奶业集团去抉择。本试验研究用互花米草替代奶牛日粮中2/3的紫花苜蓿和替代1/2的青贮玉米秸秆主料分别饲喂奶牛，结果都没有对奶牛的产奶量和奶的品质产生不良影响，还可适当提高乳品质，提高牛奶产量。紫花苜蓿作为我国传统奶牛优质牧草饲料，对我国奶牛养殖业的发展做出了巨大贡献，然而随着奶牛养殖业的快速发展以及我国人地矛盾的不断加剧，紫花苜蓿的生产已经不能满足需求，用互花米草替代苜蓿草作为奶牛饲料具有重大意义(图3-1、图3-2)。

图 3-1 米草作为粗饲料搭配饲喂奶牛获得成功

图 3-2 奶牛闻香食米草

2. 米草滩喂养大白鹅

“我们在新桥镇试验海水养鹅时发现，在饲养过程中，浙东白鹅对海边的米草情有独钟，而且白鹅的疫病也大为减少，于是就产生了在互花米草生长旺盛的海边建立养鹅基地的想法”，浙江象山县畜牧兽医总站站长陈淑芳说，“在资源日益紧缺的今天，互花米草如果能作为饲料原料加以开发，既可以获得经济效益，又可以通过持续收割，达到抑制其恶性扩张的目的。因此在治理中，对尚可控制的，应尽快采取因地制宜的方法，兴利除弊。”象山白鹅属优良地方鹅品种，肉质细嫩、营养价值高，鹅肉脂肪含量低，且分布均匀，氨基酸种类齐全，特别是赖氨酸的含量高于猪、鸡肉的一倍。象山白鹅属草食水禽，容易饲养，化料少，本轻利重，经济收益高，逐渐成为当地农村的一项重要副业。以食绿色青草为主的象山白鹅，其肉中农药、抗生素、重金属等有害物质的残留量极低，是一种不可多得的绿色食品。2010 年 9 月 30 日，原国家质检总局批准对“象山白鹅”实施地理标志产品保护。在米草滩喂养大白鹅真是一举两得的好产业。

3. 米草滩放牧养羊

江苏启东市是我国第一个开办米草滩羊场的县级市，米草滩羊场负责人陈启康研究员认为，大米草的粗蛋白含量达到 8.84%~13.38%，粗脂

肪含量 2.28%～3.17%，粗纤维含量 19.91%～28.01%，胡萝卜素含量 28.18～38.29 mg/kg，必需氨基酸的含量高，显著优于麸皮。很显然大米草是一种比较好的牧草饲料；在南京大学米草研发团队的奠基人仲崇信教授的鼓励和支持下，陈启康研究员在启东县办起了全国第一个海滨牧场——黄海滩种羊场，利用大米草放牧绵羊、山羊获得成功。由于经常赶羊下海滩，有些绵羊得了烂蹄疫，因此改为割草喂羊，这样不仅大米草，还有互花米草的茎叶都可以用来喂羊，扩大了应用面，又能预防羊的烂蹄疫，效果更好(图 3-3)。

仲崇信教授(右三)在海滩观察大米草的生长情况

图 3-3　仲先生带领团队开展米草滩牧羊——《人民画报》1979 年第二期

此外利用大米草粉替代麸皮喂猪试验证明，在饲料中添加 7%的大米草粉替代麸皮喂猪，效果最好。

4. 米草滩的沙蚕产业

作为多毛类的沙蚕是滩涂上土生土长的底栖动物，善于钻洞，以卤虫等更细小的动物为食，也大量吞食植物性的有机碎屑。观测试验证明，米草滩上(特别是收获过米草秸秆后)密布大量细微的洞，比光滩上多很多；眼疾手快的沿海农民一铲就能挖出很多条沙蚕(又称海蚯蚓，海蜈蚣)。米草滩上有机碎屑的量非常大，所以沙蚕长得又肥又大，农民很少去光滩上挖取。根据盐城大丰提供的沙蚕出口产业的调查数据，米草滩生长的沙蚕为20~30条/m^2，丰满度高，深受外商欢迎；而光滩上的沙蚕仅为10条/m^2，生长瘦弱，不符合出口需求。大丰市(现在是区)的米草滩沙蚕已形成一稳定产业，每年出口沙蚕250 t左右，出口创汇大约125万美元(图3-4、图3-5)。

图3-4 收割米草后发现密密麻麻的沙蚕洞穴

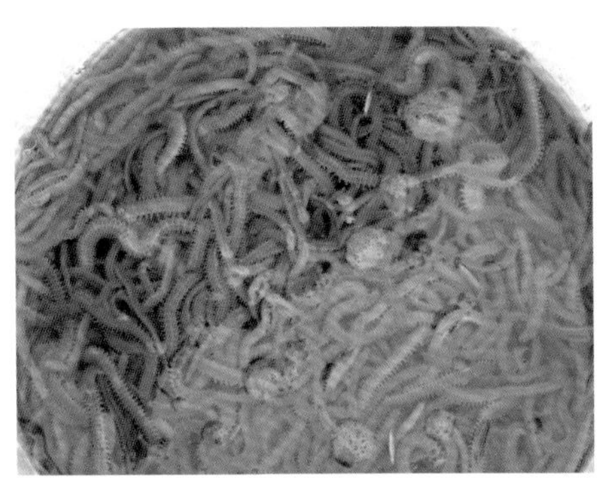

图3-5 米草滩上的沙蚕丰收

5. 米草滩用于野放麋鹿

2020年11月6日，麋鹿第六次放归自然活动在大丰麋鹿国家级自然保护区举行。本次放归自然的25头成年麋鹿，大丰麋鹿国家级自然保护区采取了科学管理措施，为每头放归麋鹿佩戴GPS项圈，实时监测该种群在野外的活动轨迹等信息，从而实现网格化管理。

保护区麋鹿由1986年建区时从英国回归的39头发展到现如今的5 681头，其中野外种群数量达到1 820头，成为世界上数量最多、基因库最丰富的野外麋鹿种群。万亩米草滩为麋鹿野放提供了良好的栖息地(图3-6、图3-7)。

图 3-6 滩涂的神灵野放麋鹿在其家园米草滩热情奔放

图 3-7 有吃有喝又有住，成年麋鹿带着幼崽在米草滩深处缓缓穿行，无拘无束，悠然自得

6. 米草滩围堰养殖

江苏沿海的养殖户在苏北滩涂进行围堰养殖，他们很精明，选择茂密的米草滩下手修围堰，养殖文蛤、青蛤、缢蛏等贝类或进行虾贝混养。因为他们知道，如果周边没有茂密的米草为养殖塘抗风防浪，那些在平均高潮线以上的滩涂上修筑高不过 2 m、顶宽 3～5 m 的堰堤的养殖塘一旦遭遇风暴潮就会被冲刷夷平，而在米草滩修筑的围堰养殖塘用了 10 年也没有问题；而且在米草滩养殖，由于米草滩的有机质比光滩丰富得多，为贝类和鱼虾提供了营养含量高的饵料，提高了养殖的水平和品质。高滩围堰养殖投资少见效快，亩收益 1 000 元上下，近 10 年来江苏沿海的米草滩涂几乎均普及了此类养殖方法，总面积达到 20 万亩，惠及千家万户的沿海百姓。

7. 牡蛎的插杆养殖

美国威拉帕湾的牡蛎养殖非但未受米草群落的影响，相反养殖户利用插杆养殖技术将牡蛎苗置于米草滩外(向海方向)进行插杆养殖。由于米草滩净化了海水，又提供了丰富的营养，收获的牡蛎个大肉肥，质量很好。笔者 1995 年应邀访问威拉帕湾 Nahcotta 镇，当地生态养殖公司搞了一个品尝米草滩牡蛎的圆桌论坛，与会者大啖美味，赞不绝口。该养殖公司老板

Cohen 还为每位来宾提供了特殊风味的米草茶，倾听我的“米草研发报告”，探讨米草应用开发的合作。

无独有偶，牡蛎插杆养殖盛行于福建东北部的霞浦一带。其方法是，采苗前先将竹竿(直径 1~5 cm)截成 1 m 左右长，以 5~6 根为一束，插在风浪小、底质为泥沙的潮间带，先让藤壶的幼体附着，然后除去藤壶，仅留其粗糙的壳座备用，粗糙的壳座有利于牡蛎幼体附着。等到当年 5 月牡蛎产卵期时，将备好带壳座的竹竿成束地按锥形排列，插入牡蛎亲贝密集的潮间带滩涂中。插竹 50~60 束联成一列，列与列的间距为 1 m 左右，待牡蛎幼体附着并固生后，再分散插于米草滩外的滩涂区直至牡蛎养成。

8. 互花米草提取物在生态养殖中的应用

互花米草提取物生物矿质液作为饲料添加剂用于水产养殖取得不错的效果：草鱼苗经过 23 天培育，成活率提高 11.05%，体重增长率提高 7.55%；室内罗非鱼 35 天饲养，个体增重率上升 8.44%，饲料系数降低 3.72%；室内网箱罗非鱼 30 天饲养，群体净增倍数平均提高 7.22%，饲料系数降低 7.61%。

用互花米草提取物添加饲粮喂养肉鸡，肉鸡新城疫抗体滴度和血清三种免疫球蛋白均有显著或极显著性提高；用米草提取物添加饲粮饲喂奶牛，对奶牛血清中三种免疫球蛋白 IgG、IgA 和 IgM 浓度也均有显著提高的作用($P<0.05$)。

我们用米草提取物配置成“强化保育液”培育珍珠取得小试成功后，在两个水产养殖企业进行了中试。宝应县水产养殖公司珍珠场做的 500 只珍珠蚌应用生物矿质液“强化保养剂”批量生产观测表明，术后手术蚌成活率提高 16%，育珠早期检查，伤口愈合和珠囊形成可普遍提前 2~3 天，珍珠产量提高 30%以上。清华大学海洋科学中心北海珍珠养殖基地应用生物矿质液“强化保养剂”批量生产珍珠产量提高 28%以上。

美国特拉华大学海洋学院的 Jack Gallagher 教授一行 1991 年夏天访问南京大学盐生植物实验室，我们安排的学术活动中的一项内容就是访问扬州农校水产养殖研究中心。中心主任季之源教授当场给美国专家解剖了 3

只已培育 1 年备用待查的珍珠蚌，每只珍珠蚌的右侧外套膜中剥离出来的珍珠与左侧的对照，个大、光洁，称重也显著高出，比 100 天后的解剖效果还要好；在场的 Gallagher 教授一行对这现场解剖现测的试验结果无不啧啧称奇，称赞我们精巧的设计和创新性成果。扬州农校水产养殖研究中心的同仁们总结道，应用生物矿质液“强化保养剂”处理育珠的细胞小片后，不仅对术后早期有很好的效果，还对育珠全过程有着良好的“后效应”，启示他们改进“强化保养剂”的应用，可以在育珠过程中做输液处理，以期在珍珠产量和质量的提高、育珠周期的缩短方面取得进一步的成绩。

9. 互花米草渣用于生态养殖

互花米草提取后会产生大量米草渣。米草渣主要含有植物原有的纤维素、半纤维素和木质素，完全可以用于食用菌培植。我们米草团队用互花米草渣做主要培养料和常用的玉米芯做主要培养料进行平菇培植对比，平菇产量大体相当，对两种培养料培植的平菇进行氨基酸含量分析可知，两种平菇氨基酸总量非常接近(米草渣平菇略低)，其中人体必需氨基酸总量也很接近(米草渣平菇略低)，而评价鲜味氨基酸(谷氨酸和天冬氨酸)含量，米草渣平菇要优于玉米芯平菇，说明前者的口感要好于后者(见表 3-1)。

表 3-1　两种培养料培植的平菇氨基酸组成和含量分析

氨基酸	米草渣平菇(g/100 g)	玉米芯平菇(g/100 g)
苯丙氨酸*	0.13	0.14
丙氨酸	0.14	0.16
蛋氨酸*	0.26	0.30
脯氨酸	0.047	0.061
甘氨酸	0.074	0.085
谷氨酸#	0.28	0.22
精氨酸	0.083	0.077
赖氨酸*	0.11	0.11
酪氨酸	0.092	0.097
亮氨酸*	0.15	0.16
丝氨酸	0.094	0.097

续表

氨基酸	米草渣平菇(g/100 g)	玉米芯平菇(g/100 g)
苏氨酸*	0.089	0.095
天冬氨酸#	0.14	0.14
缬氨酸*	0.10	0.12
异亮氨酸*	0.087	0.099
组氨酸	0.047	0.046
胱氨酸	0.033	0.037
色氨酸	0.0081	0.0097
氨基酸总量(T)	1.9641	2.0537
必需氨基酸总量(E)	0.926	1.024
非必需氨基酸总量(N)	1.0381	1.0297
鲜味氨基酸总量(W)	0.42	0.36
E/N(%)	89.20	99.45
E/T(%)	47.15	49.86
W/T(%)	21.38	17.53

资料来源：钦佩等，《互花米草生态工程》，2019。

注：*为必需氨基酸，#为鲜味氨基酸。

虽然经过提取，大量的营养物质和生物活性物质都被提取进入了提取液(生物矿质液)，但是，米草渣还是吸收了足量的生物矿质液，其中不乏有一定量的多糖、皂苷和黄酮等活性物质。因而米草渣是有不少利用价值的，还可用于滩涂的生态养殖。

在滩涂养殖塘冬季干塘(非养殖季，放水)时，正值米草提取季节，我们帮助养殖户用米草渣铺在塘底，用塘泥覆盖之。来年放水养鱼养虾，发病率明显降低，减少了养殖用药。由于米草渣用途广泛，一度供不应求，我们不得不合理规划。最终的解决办法只有等到米草产业规模化才能满足多方的需求。

第4章
外来物种与本土物种和谐共生的典型范例

1. 大丰麋鹿野放计划

1986年，依托从英国引进回归的39头麋鹿(13雄，26雌)，在黄海滩涂的大丰建立了我国第一个麋鹿自然保护区。经过两年的“引种扩群”和十年的“行为再塑”两个阶段后，保护区从1998年开始着手实施拯救工程的第三个阶段：野生放归。十年间四次放归53头麋鹿，经过十年艰辛探索，野生麋鹿每年递增13.2%。已经形成了118头的野生种群，野放麋鹿也已经成功繁育出子二代、子三代等，结束了全球百年以来无完全野生麋鹿群的历史。

2020年11月6日，麋鹿第六次放归自然活动在大丰麋鹿国家级自然保护区举行。25头麋鹿冲出围栏，穿过长着碱蓬的滩地，奔向千米以外的米草滩，消失在茫茫滩涂上。这第六次野放标志着盐城黄海湿地又一次大规模放归麋鹿行动取得圆满成功。

2. 野放麋鹿的生境选择

“良禽择木而栖”，说的是聪明的鸟会选择适合自己的树木或树林而栖身。实际情况就是这样，我们常常听到，某地树种多了，生态环境改善了，许多不常见的鸟、美丽的鸟都飞过来了。而在闹市区，很少见到喜鹊在树上搭建的鸟巢，因为那儿已经不适合它们居住了。动物为自己的生存选择合适的生态环境的行为称为“生境选择”。譬如候鸟会不辞万里飞行，寻找因季节变化而适合自身的栖息地。动物的“生境选择”主要包括三个方面的要素：充足的食源、必要的水源和藏身避敌的庇护所。

野放麋鹿的生境选择也是如此，它们在人们为之提供的万亩滩涂上，毫不犹豫地穿过芦苇丛，踏过碱蓬滩，奔向千米以外的米草滩涂，因为那广袤的米草滩，有符合它们需求的食源、水源和庇护所。

3. 野放麋鹿的食源

野放麋鹿既然选择了米草滩为其赖以生存的栖息地，其食源必定就地取材。实际情况就是如此。在潮间带滩涂上有两种可供野放麋鹿大量啃食的植物，芦苇和互花米草，但是，动物为了果腹、生存，它们的取食行为是不会玩虚的，舍芦苇而取米草。

为什么？三个重要的营养指标提供了答案：根据我们盐生植物实验室的两位研究生对大丰麋鹿野放的滩涂互花米草和芦苇的营养成分对比研究结果表明，互花米草粗蛋白含量为8.09%，酸性洗涤纤维含量为36.34%，中性洗涤纤维含量为69.82%；而芦苇的年度粗蛋白平均含量仅为2.84%，酸性洗涤纤维和中性洗涤纤维含量却分别高达45.99%和77.78%。

根据这两位研究生进一步研究表明，互花米草的主要营养成分含量与白玉龙等2007年所做的常用禾本科饲料作物主要营养成分含量相比，互花米草粗蛋白含量为8.09%，略低于常用禾本科饲料作物的9.39%；互花米草酸性洗涤纤维含量为36.34%，略高于常用禾本科饲料作物的34.80%；互花米草中性洗涤纤维含量为69.82%，较高于常用禾本科饲料作物的58.42%。虽然在各指标上互花米草都劣于常用的禾本科饲料作物，但是蛋白质和酸性洗涤纤维含量这两个指标已经相当接近，所以在滩涂恶劣环境中互花米草对野放麋鹿营养的提供基本上是合适的。

此外互花米草体内的生物活性成分可能弥补了其营养成分的不足，据丁玉华2009年报道，野放麋鹿的体质状况相当好，多为8成膘（采用十级评膘法评估）。

4. 野放麋鹿的水源

万亩米草滩涂上野放麋鹿的水源在哪儿呢？据我们盐生植物实验室的两位研究生的观察，米草滩上除了有比较大的潮水沟外，还有一些浅水塘。由于大丰及苏北滩涂的年降雨量比较高，麋鹿生存活动的米草滩高程相对较高，潮水淹没的天数很少，因此潮水沟中贮留的一些雨水基本可供

野放麋鹿饮用。

此外2014年，大丰麋鹿保护区利用亚洲开发银行项目，不断优化麋鹿饮水系统，疏通麋鹿生境水系，譬如引用北面、西面环绕米草滩的川东河水，与米草滩的大潮水沟联通，保证潮水沟中的淡水供应，确保麋鹿的饮水安全(图4-1)。

图4-1　米草滩的潮水沟是野放麋鹿的水源所在

5. 野放麋鹿的庇护所

大丰海滨滩涂的野放麋鹿虽然目前还没有足以威胁其生存的天敌，但是躲避人为干扰是它们的天性。2~3 m高的互花米草单种群落是它们选择的理想庇护所，而且，这片米草滩向海方向纵深在2 km以上，野放麋鹿躲藏在这片茫茫草滩中即使有心的研究者也难觅其踪。保护区工作人员和我们盐生植物实验室的研究生要拍摄米草滩上的野放麋鹿是多么不易!

研究者发现，进入秋冬季节，当米草滩的季相呈现一片金黄，野放麋鹿的皮毛似乎也转成金黄色，这种似同“保护色”的现象，值得进一步研究(图4-2)。

图 4-2　冬季互花米草的季相与野放麋鹿的皮毛色泽变化浑然一体，使动物混迹植物丛中，披上了保护色

6. 野放麋鹿的传宗接代

大丰海滨滩涂的野放麋鹿在米草滩上吃住行已经不成问题，它们的传宗接代也照样正常进行。一次，自然保护区的老主任丁玉华先生在麋鹿的发情期涉险进入野放麋鹿的频繁活动区域考察，他和一对发情的正在角斗的公麋鹿不期而遇，两只雄兽瞪着血红的眼睛盯住丁先生，他只得悄悄地后退，走出角斗现场。米草滩上野放麋鹿的角斗可能更加激烈血腥，胜出为王的公麋鹿拥有交配权，至于一头麋鹿王拥有多少“嫔妃”还得小心翼翼地去观察研究。

总而言之，野放麋鹿在米草滩上的传宗接代开启了新的一页，央视记者曾摄下这样一个宝贵的镜头：一头母麋鹿将米草压倒，絮出一个温暖的产床，一只小麋鹿在这儿安全诞生。它的出生日志中有一项是出生地：大丰米草滩。据考察，如今野放麋鹿的传宗接代连绵不断，子孙满堂的麋鹿种群在米草滩比比皆是。

7. 米草滩对野放麋鹿的承载量

大丰海滨滩涂野放麋鹿的数量现在已经达到近 2 000 头，22 年的时间从 6 次放归大自然的不足 100 头，发展到现在的数量，增长近 20 倍，平均每年成倍的增长。这样发展下去，现有的大丰麋鹿保护区附近的野放麋鹿栖息的米草滩还够用吗？现在对米草滩野放麋鹿的相关研究不足以支撑万亩米草滩对野放麋鹿承载量的测算，应该组织有关专题研究来回答这一问题。

但是有一个关于野放麋鹿的动向值得研究者们关注。有关方面提供的信息显示，在大丰麋鹿自然保护区南部的东台条子泥海滨湿地已经出现 100 多头麋鹿，那儿拥有世界上面积最大的潮间带湿地（大约 300 万公顷），互花米草滩涂在 20 万亩以上，野放麋鹿又找到新的家园。野放麋鹿为什么要寻找新的家园，可能要受到问责的还是我们人类。对于野放麋鹿人们关注爱护不能包办代替，须知，野放麋鹿具有明显的野性，过多干扰它们的生活，反而让它们不自在，于是乎它们就选择离开老栖息地而另觅新家园了。

8. 互花米草与野放麋鹿的共生机制

第六次的大丰 25 头麋鹿野放进入保护区的滩涂，它们穿过芦苇群落，越过碱蓬草滩，直接奔向米草滩涂，这一取向在大丰的野放麋鹿种群中似乎是天定俗成；2020 年开始，一部分野放麋鹿越过保护区滩涂的南界，奔向更为广阔的东台条子泥米草滩涂（而非进入附近的农田和村落），这一“新家”的选择更显示麋鹿对米草滩涂的依赖与偏爱。米草与麋鹿的研究者应该重视这一对特殊的物种（外来植物种与本土动物保护种）共生关系研究。

关于互花米草与野放麋鹿的共生机制，初步总结几点如下：

（1）互花米草为野放麋鹿在海滨滩涂生存提供了基本条件，这就是食源、水源（米草滩的潮水沟及附近的淡水河）和庇护所；

（2）互花米草在为麋鹿提供基本营养的同时，以其体内丰富的生物活性物质弥补了营养不足(比起狼尾草等禾本科优质牧草的营养含量)的短板，使滩涂野放麋鹿发展成为一群野性更足、更为彪悍的新的生态型(或亚种)；

(3)滩涂野放麋鹿已经发展成以其视觉、嗅觉和触觉等感觉器官对互花米草的识别、啃食和生存依赖，而互花米草特殊的香味可能会释放出某种信息素，让这一共生的动物朋友对它不离不弃；

(4)滩涂野放麋鹿和互花米草间的共生关系目前应该属于偏利共生，野放麋鹿对互花米草的利益提供是有限的，啃食米草可以促进米草的进一步萌蘖和发展自身，此外麋鹿在米草滩的粪便也有利于米草滩土壤的养分积累(图 4-3)。

图 4-3　野放麋鹿反馈给互花米草的"礼物"

第5章 蓝碳及其保护与发展

1. 什么是蓝碳

海洋系统的碳汇来源主要是指盐沼(优势种为互花米草)、红树林和海草床,这三种类型的海滨-近海生态系统捕获和储存了约70%的永久性海洋系统中的碳,这就是蓝色碳汇,简称"蓝碳"。已报告的蓝碳最大埋藏率来自海滨盐沼,为17.2 t/(hm^2·a)(以C计),是未遭损毁的原始森林碳汇能力[估计为1.02 t/(hm^2·a)(以C计)]的近17倍。盐沼仅占美国大陆面积的一小部分,但是其碳埋藏能力估计为美国所有生态系统碳汇总量的21%。

根据已有研究和报道,中国陆地生态系统的总碳汇(植被和土壤)相当于同期中国工业CO_2排放量的20.8%~26.8%。然而迄今为止,我国海洋系统的碳汇缺乏完整的数据,具有代表性的碳通量观测数据来自长江口崇明岛、黄河口、闽江河口、辽河三角洲和苏北射阳河口。查清我国海洋系统的碳汇家底对于我国政府掌握我国海洋和陆地两大生态系统的碳汇总量、科学制定社会经济发展、减控碳排放、2030年如期实现碳达峰和生态文明建设的国策至关重要。

图5-1 废黄河口米草滩用同位素法在自制光合作用箱中测定互花米草初级生产力

20世纪80年代末南京大学盐生植物实验室就开启了对米草盐沼碳库的研究,自制光合作用测定仪,用稳定同位素^{14}C标记法在苏北滩涂上获取互花米草固定碳的第一手信息,准确掌握米草盐沼的初级生产力数据,为盐沼碳库的研究和米草的资源化利用提供了基础资料(图5-1)。

2. 蓝碳对全球碳汇的贡献

海洋在全球的碳循环中起着重要的作用。作为一个巨大的碳汇，海洋不仅能长期储存碳，还可以对二氧化碳进行重新分配。地球上约 93%(40×10^{12} t)的二氧化碳储存在海洋中，并在海洋中循环。

海洋的植物生境，尤其是红树林、盐沼和海草床，覆盖面积不到海床的 0.5%。这些生境构成了地球的蓝色碳汇，占海洋沉积物中碳储存量的50%以上，甚至可能高达 71%。它们只占陆地植物生物量的 0.05%，但每年都储存了大量的碳，因而是地球上最密集的碳汇之一。蓝色碳汇和河口每年捕获并储存 235×10^{12}~450×10^{12} g 碳，接近于全球整个运输部门排放量[大约为 1 000 ×10^{12} g/a(以 C 计)]的一半。防止这些生态系统的继续消失和退化并促进它们的恢复，就可以在未来 20 年抵消目前 3%~7%的化石燃料排放量[共计 7 200 ×10^{12} g/a(以 C 计)]，效果相当于将大气中二氧化碳的浓度维持在 450×10^{-6}以下所需的至少 10%的减排量。如果措施得当，蓝色碳汇可因此对缓解气候变化起到重要作用。

3. 我国蓝碳的保护与发展

海滨生态系统处于典型的海陆作用的生态交错带，一方面具有较高的生产力，生产大量的有机物；另一方面，海水中含有大量营养盐离子被潮流带入，这为挥发性碳生产提供了必要条件。另外，潮汐是潮间带生态系统的经常性干扰因素，潮汐作用引起的水盐同步入侵是海滨生态系统典型的特征之一，潮汐和潮流循环过程与其他环境因子(如盐度、有机质含量、土壤含水量、氧的可利用率、气体的扩散率、土壤酸碱性、氧化还原状况以及挥发性碳初始浓度等)和生物因子(如植物初级生产和微生物的活性等)共同作用于海滨生态系统的生物地球化学循环过程，影响着海滨生态系统碳的循环与转化。

盐沼等海滨湿地生态系统是相当脆弱的生态系统，受自然因素和人类活动的影响，极易遭受破坏，甚至迅速消失。联合国蓝碳报告显示，这些生态系统正以比雨林快 5~10 倍的速度退化和消失。我国的海滨盐沼和海滨

湿地的退化和受损情况十分严重。由于沿海地区的大开发，许多盐沼和湿地大片大片地消亡，据估计其损失规模达到数十万公顷乃至上百万公顷。

保护与恢复我国的蓝碳绝不只是单纯的生态问题，而是牵涉社会经济发展走向的大问题，应该上升到国家战略来考量。我国“蓝碳保护与发展计划”的实施已经刻不容缓。计划旨在发展减控沿海大开发中损毁海滨盐沼、海滨湿地的新模式，将开发与保护相结合，恢复和发展“蓝碳”，降低生态系统的碳排放，增强我国海滨湿地生态系统以及海滨盐土农业生态系统的碳汇强度。该计划的实施将对沿海地区应对气候变化、维持生态系统整体的稳定性，提升粮食安全和改善沿海地区的民生以及减缓国家减排压力，迎接碳达峰和碳中和具有重要意义。

4. 互花米草的碳汇作用

由于互花米草具有较长的生长季、较大的叶面积指数、较高的净光合作用速率和较大的地上、地下部分生物量，其固碳作用非常明显。表 5-1 是我们米草团队于 1985 年在福建罗源湾南京大学可湖种植基地测试 3 年生米草滩互花米草群落生物量的记录。另外根据长江口九段沙三种植物固碳、固氮效果的对比检测，互花米草的固碳、固氮作用明显高于本土植物芦苇、海三棱藨草和光滩，而且互花米草地上部分凋落物和死去的地下部分的降解速率也远低于本土植物芦苇、海三棱藨草，使互花米草对碳的净固定作用更为强劲，二者相加，确保米草盐沼对我国蓝碳贡献巨大。

表 5-1　三个生态型互花米草群落生物量及相关比值

样方	号码	地上部分［g/m^2(干重)］	地下部分［g/m^2(干重)］	总生物量［g/m^2(干重)］	茎/叶	根茎/须根	地上部/地下部
N型	1	1 555	1 179	2 734	0.59	1.74	1.32
	2	1 103	1 111	2 214	0.69	1.20	0.99
	3	1 209	1 416	2 625	0.73	1.75	0.85
	均数	1 289	1 235	2 524	0.67	1.56	1.05
G型	1	2 248	1 369	3 617	0.88	2.77	1.64
	2	2 736	1 390	4 126	0.78	2.22	1.97
	3	3 251	1 339	4 590	0.88	2.32	2.43
	均数	2 745	1 366	4 111	0.85	2.44	2.01

续表

样方	号码	地上部分［g/m²(干重)］	地下部分［g/m²(干重)］	总生物量［g/m²(干重)］	茎/叶	根茎/须根	地上部/地下部
F型	1	935	880	1 815	0.14	2.09	1.06
	2	860	1 044	1 901	0.22	2.50	0.82
	3	1 120	861	1 981	0.19	1.89	1.30
	均数	972	928	1 900	0.18	2.16	1.06

资料来源：钦佩等，1992。

注：N 型来自于北卡罗来纳，G 型来自于佐治亚，F 型来自于佛罗里达。

此外，CH_3Cl 等氯代烷烃是具有重要环境意义的挥发性气体，研究发现它们是主要的自然源臭氧层破坏物质。苏北盐沼野外原位测定结果表明：盐沼高程梯度上氯代烷烃通量存在明显的变化，总的来讲本区互花米草盐沼为氯代烷烃的汇，也就是说，米草滩是固定氯代烷烃的平台。但是其复杂机制有待进一步研究廓清。

5. 生物炭在蓝碳保护与发展中的作用

生物炭(Biochar)是生物质在缺氧条件下热裂解所形成的产物。生物炭在土壤中表现出高度的惰性，不易为微生物分解；同时还具有表面积巨大，疏松多孔的物理特性。生物炭在土壤固碳减排和土壤改良等方面的潜在作用，当前正引起国际碳科学及其他相关学科研究者的普遍关注，其研究不断升温。向土壤中施加生物炭可能具有巨大的固碳减排意义，这首先是因为生物炭本身的惰性，部分研究表明其在土壤中的贮留时间可达千年以上；地球上生物质来源极其丰富，如将这些生物质转化为生物炭并长期贮存于土壤中，即能大幅减缓自然生态系统的碳循环速率，有效降低大气碳浓度。其次，生物炭本身的高比表面积与强吸附性能，使其有可能强力吸附土壤有机分子，增强土壤中除黑炭外有机碳的稳定性，从而抑制土壤碳分解；生物炭还可能通过降低土壤微生物活性而减少碳排放。以上过程均有助于土壤碳排放量的降低与固碳能力的提升。

在互花米草综合利用生态工程中，秸秆提取后的草渣可以晒干后作为生物质燃料在提取物生产企业继续使用，使用后的炉渣和炉灰可以作为生物炭返回海滨盐土种植业，改良盐土，一方面确保互花米草生态工程的零

排放，另一方面，增加海滨盐土蓝碳的库存。

6. 微生物菌剂在蓝碳保护与发展中的作用

通过在植物根际土壤中接种 AM 真菌，促进 AM 真菌的侵染、菌丝增殖与扩展，一方面可以提高植物耐盐胁迫能力，增强光合作用，加强固碳能力；另一方面可以刺激 GRSP（球囊霉素蛋白）的分泌量，最终达到促进土壤团聚体形成并稳定土壤结构及有机碳库的目的。我们前期研究表明，在海滨盐土中接种 *Glomus mosseae* 能使植物根际土壤 GRSP 含量提高 10.83%，显著提高水稳性大团聚体（>5 mm）含量，并降低团聚体分形维数（D）；我们的野外调查表明：不同类型海滨盐土 GRSP 含量从 0.02 mg/g 到 2.48 mg/g 不等，与沙性黏质盐土或者黏壤盐土的微团聚体 MWD、有机碳含量显著正相关，而与团聚体 D 和总氮含量显著负相关。

由于盐土中磷素极易与 Ca^{2+}、Fe^{2+}、Al^{3+} 等阳离子结合，形成难溶性磷酸盐而导致盐土中有效磷含量极低。而解磷菌可以通过释放有机酸、分泌质子，在有机酸或阴离子和阳离子之间形成络合物等方式将土壤难溶磷酸盐转化为植物可吸收利用的可溶形态。AM 真菌根外菌丝则可以有效扩大根系对解磷菌所溶磷的吸收范围，因此 AM 真菌与解磷菌通常被联合接种于土壤中以提高土壤有效磷含量，促进植物磷营养吸收。米草解磷菌（*Apophysomyces spartina*）与 AM 真菌之间都存在一种良性互作机制，降低土壤 pH 值和电导率，刺激各种土壤酶（包括碱性磷酸酶和酸性磷酸酶、蛋白酶、转化酶、过氧化氢酶）活性，不仅有利于植物的光合作用固定二氧化碳，而且还为海滨盐沼与盐土植物的根系及根际微生物创造适宜的土壤微域环境，促进土壤有机碳库（包括蓝碳）的积累、扩容和稳固。

7. 海滨盐沼对蓝碳贡献的测算

中国沿海互花米草年平均生物量最高可达 5 600 g/m^2（干重）。

现有研究表明不同地域的互花米草盐沼的土壤有机碳含量有较大的差别。互花米草扩张长江口湿地 7 年后，和本地种海三棱藨草群落土壤碳库相比，互花米草群落土壤全碳、有机碳的含量显著提高（含量 0.4%～

0.57%)，无机碳含量无显著差别，总体上互花米草在长江口的短期扩张增加了土壤碳和氮的存量。江苏沿海互花米草扩张 8~14 年后，表层土壤有机碳显著增加，含量为3.67~4.90 g/kg(以C计)，比碱蓬湿地有机碳增加了27%~70%。在0~10 cm土层，互花米草根际土壤有机碳积累速率可以达到0.213 t/(hm^2·a)(以C计)，大于中国农田碳积累速率0.151 t/(hm^2·a)(以C计)，显著增加生态系统的初级生产力、碳封存能力。毛志刚等报告苏北1~20年互花米草盐沼的土壤有机碳范围为2.28~8.46 g/kg，高于本土植被禾草滩和碱蓬滩，大大增加了海滨盐土碳库的库容。

除了土壤碳库以外，现存植被及其凋落物也是一个重要的周转碳库。互花米草替代本地种改变了生态系统的空中凋落物碳库，长江口互花米草和芦苇的空中凋落物碳含量年平均值分别为1.05 kg/m^{2}和0.50 kg/m^2，二者之间的差异明显大于其地表凋落物碳含量的差异(分别为0.13 kg/m^{2}和0.16 kg/m^2)。长江口互花米草的净初级生产力21.6 t/(hm^2·a)(以C计)，比本地植物海三棱藨草与芦苇分别高14.4 t/(hm^2·a)(以C计)和4.7 t/(hm^2·a)(以C计)，凋落物分解速率也小于2种本地植物。

植被碳库同时包括植被地上部分和地下部分生物量，碳含量计算公式为

$$V_i = S_i \times B_i \times \beta_i$$

式中：i 为自然湿地植被类型；V_i 为第 i 种植被类型的碳储量(t)；S_i 为第 i 种植被类型的面积(hm^2)；B_i为第 i 种植被类型的生物量密度(t/hm^2)；β_i为第 i 种植物的含碳量。

土壤的有机碳密度(DOC)由下式计算：

$$\mathrm{DOC} = \mathrm{SOC} \times \gamma \times H/10$$

式中：DOC 为土壤有机碳密度[t/hm^2(以C计)]；SOC 为平均有机碳含量(g/kg)；γ 为土壤平均容重(g/cm^3)；H 为土壤采样深度(cm)。

土壤总有机碳储量(POC)由下式计算：

$$\mathrm{POC} = \sum_{i=1}^{n} (S_i \times \mathrm{DOC}_i)$$

式中：POC 为土壤碳储量(t)；S_i为第 i 种类型湿地的面积(hm^2)；DOC$_i$为第 i 种湿地的土壤有机碳密度[t/hm^2(以C计)]。

第 6 章
互花米草的活性成分

1. 互花米草活性成分的动态变化

根据英国地球生物化学家 E. I. Hamilton 在其名著《化学元素和人》(*Chemical Elements and man*)中用海量数据对海水、地壳岩石和人血中的化学元素进行对比分析后指出，海水中的绝大部分化学元素含量明显更接近人血和人体中元素含量水平。这一研究结果不仅从化学成分上证明生命起源于海洋，而且为开发海洋食品有益于人类健康提供了依据。根据我们对互花米草提取物稀释转化成的“生物矿质水”的元素(特别是微量元素)分析得知，生物矿质水中的元素含量比海水更接近人血和人体中元素含量水平(表 6-1)，这说明，米草生物矿质水对人体的亲和力更高，更容易被人体所吸收。

表 6-1　14 种必需微量元素在人体、人血、地壳、海水和生物矿质水中的含量对比($\times10^{-6}$)

必需微量元素	人体含量	人血含量	地壳岩石含量	海水含量	生物矿质水含量	地矿部标准
氟(F)	37	0.20	700	1.40	0.21	1~2
钒(V)	0.001 4	—	135	0.002	0.002	—
铬(Cr)	0.86	0.07	100	0.000 5	0.018	<0.05
锰(Mn)	0.30	0.09	1 000	0.002	0.32	0.01~0.5
铁(Fe)	57.0	390	56 300	0.01	0.48	5~10
钴(Co)	0.043	—	25.0	0.000 27	0.004	—
镍(Ni)	0.14	0.024	75.0	0.005 4	0.01	—
铜(Cu)	1.4	0.90	55.0	0.003	0.096	<1

续表

必需微量元素	人体含量	人血含量	地壳岩石含量	海水含量	生物矿质水含量	地矿部标准
锌(Zn)	33.0	7.0	70.0	0.01	0.50	0.2~5
硒(Se)	0.19	0.06	0.05	0.000 2	0.01	0.01~0.1
锶(Sr)	2.0	0.02	375	8.10	0.60	0.2~4
钼(Mo)	0.07	0.001	1.5	0.01	0.005	0.05~0.5
锡(Sn)	0.43	0.009	2.0	0.003	0.047	—
碘(I)	0.43	0.06	0.50	0.06	0.15	0.2~1

资料来源：钦佩等，1992。

在生命的摇篮中支撑生命发生和发展的物质基础非常丰富。海洋与海滨生态系统的特殊性使物种在长期的生存和发育中产生了一些特殊而重要的次生代谢物质。如在高盐度环境中产生了磺酸酯类物质(有磺酸胺、磺酸黄酮等)、皂苷、多糖等；在低氧环境中产生了许多不饱和脂肪酸(尤其是 EPA、DHA 等关键多不饱和脂肪酸)；在时速为陆上强风 1.35 倍的海底风暴的侵袭下以及密度为空气 1 000 倍的海水的压力下，产生了高密度脂蛋白、凝集素等物质。这些次生代谢物质不仅为海洋或海滨的物种适应生存所必需，也是对人类健康有益和宝贵的生物活性物质。

每年 9—10 月，我国东部沿海地区遭受热带风暴和台风袭击的主要季节已过，时值互花米草地上部分黄熟，其有效成分和营养成分积累最丰富，这是进行提取利用的最佳季节(表 6-2)。故每年的秋冬季节(通过工艺控制可延至 12 月下旬)对米草的地上部分进行采收，在绿色食品工艺条件下，提取精制生物矿质液(BML)和米草总黄酮(TFS)。由于 BML 和 TFS 的生产加工无污染、保质期长且具有一系列很好的保健功能，米草加工的绿色食品能很快赢得市场。

表 6-2　1992—1995 年互花米草提取液中生物活性物质含量的季节变化

月份	VB_1 (mg/100 g)	VB_2 (mg/100 g)	VB_6 (mg/100 g)	VPP (mg/100 g)	VC (mg/100 g)	总黄酮 (mg/g)	多酚类 (mg/g)
8	5.19	0.284	1.23	32.65	22.32	4.67	21.9
9	6.04	0.388	1.26	33.58	27.04	5.86	23.2
10	6.36	0.392	1.30	38.56	26.67	6.26	23.6

续表

月份	VB_1（mg/100 g）	VB_2（mg/100 g）	VB_6（mg/100 g）	VPP（mg/100 g）	VC（mg/100 g）	总黄酮（mg/g）	多酚类（mg/g）
11	6.32	0.363	1.27	35.92	23.54	5.33	23.1
12	5.39	0.287	1.25	34.21	22.41	4.87	22.4
1	3.52	0.216	1.11	32.99	13.54	4.52	21.8

资料来源：钦佩等，1996。

注：VB_1即维生素B_1；VB_2即维生素B_2；VB_6即维生素B_6；VPP 即烟酸，也称维生素B_3，属于B族维生素；VC 即维生素 C。

2. 互花米草三大类活性成分

中国有几千年的食疗文化，倡导“医食同源”“药膳同功”，倡导自然疗法的外国人也说：食物是最好的药物。如果有一种方法只要通过饮食调理，就能保养身体，祛除疾病，想必人人都想尝试。因此开发增强机体免疫力和降高尿酸血症的功能产品具有很高的临床应用价值。米草皂苷类似三七皂苷（云南白药的主要成分），主要功效是活血化瘀、抗菌消炎，是销蚀痛风石的主要成分；米草多糖类似黄芪多糖，是增强免疫力、保肝、护肝和护肾的功效成分，可以减缓痛风引起的趾部肿胀，并通过降低黄嘌呤氧化酶的活性抑制过多尿酸的产生；米草黄酮是高效抗氧化剂，通过抑制核酸类物质的氧化，促进嘌呤类化合物的回收，遏制过多尿酸的产生，并加大血管通透性，减轻肾脏压力，有利于尿酸排泄。

3. 黄酮类化合物是互花米草次生代谢的产物

初级代谢是指所有植物共同的代谢途径，包括摄取外界的光能和CO_2进行光合作用，为植物的生命活动提供能量和一些小分子化合物原料；进而合成氨基酸类，普通的脂肪酸类，核酸类以及由它们形成的聚合物（多糖类、蛋白质类、RNA、DNA 等）。次级代谢一般指植物在一定的生长时期，以初级代谢产物为前提，合成一些对自身生命活动非必需的物质，这一过程被称为次级(生)代谢，所形成的产物为次生代谢产物。次生代谢产物多是分子结构较复杂的化合物，如多酚类、黄酮类、皂苷类、生物碱等。次生代谢产物虽非植物维系生命所必需，但是对植物的有些生理活动是很重要的，譬如有利于抵抗盐胁迫、抗旱、抗氧化等。植物的许多次生代谢产物对人体健康是十分重要的，如黄酮、皂苷、多酚类化合物。

黄酮类化合物是互花米草的次生代谢产物，互花米草初级生产与互花米草总黄酮(TFS)的合成和积累呈正相关关系，植物体内叶绿素含量较高，光合作用较强，合成的 TFS 也就较多，现存生物量越大，TFS 的积累也就越多。类黄酮虽说是次生代谢产物，但在植物体内的合成速度是不慢的。我们米草团队 1989 年 9 月、10 月两个月在苏北滨海县废黄河口的互花米草草滩研究用自制的标记^{14}C同化室测试互花米草初级产物和次生代谢产物总黄酮(部分测试在实验室仪器中进行)，试验中，仅 1 小时，总黄酮的放射强度检出值(次/min)就相当高，其 cpm 值就达到地上部生物量 cpm 值的 37~39 倍(表 6-3)。

表 6-3　1989 年 9 月、10 月两个月互花米草^{14}C标记同化物(1 h)及 TFS 的放射强度

植体部位	叶/[次/(100 mg·min)]	茎/[次/(100 mg·min)]	根茎/[次/(100 mg·min)]	根/[次/(100 mg·min)]	TFS*/[次/(100 mg·min)]	TFS cpm/地上部 cpm
1989 年 9 月	260 107	47 155	4 881	2 380	120.2×10^5	39
1989 年 10 月	226 818	42 257	3 107	1 690	100.8×10^5	37

资料来源：钦佩，等，1991. 互花米草的初级生产与类黄酮的生成. 生态学报，11(4)：293-298.
注：* 本表中的 TFS 量即取相应地上部分标记样品按研究方法制取所得。

一年中米草群落的总黄酮(TFS)含量均先上升，至 10 月份出现峰值(此时生物量也是全年最大值)，11 月份即下降。这一方面是由于 10 月份互花米草种子成熟，营养生长基本停止或放缓，之后开始落叶，可能带走了一定量的 TFS；另一方面，植株的光合作用及其他生理活动也渐迟缓，可能使 TFS 的合成速率小于分解速率。

4. 互花米草黄酮类化合物的含量堪比银杏黄酮

刘金珂等 2014 年的试验进一步揭示，互花米草体内黄酮含量很高，并主要集中于叶片，这一特征可能与互花米草高光合效率有关。黄酮是一种高效的抗氧化物质，我过去的研究及国际相关研究报道黄酮类化合物在光合作用过程中可很快产生，并在植物光保护过程中具有重要作用。刘金珂试验在秋季互花米草样本的根、根状茎、茎、叶鞘、叶片、颖稃和种子中均测出了黄酮类物质。互花米草叶片中总黄酮含量远高于其余各器官，达到了 29.128 mg/g，为其余各器官的 3.6~5.4 倍($P<0.05$)。其余各器官中，种子的黄酮含量相对偏高，根状茎的黄酮含量最低，但差异未达到显著性程度。

刘金珂研究证实，互花米草干储叶片中黄酮含量(18.09 mg/g)与目前市场上热销的银杏叶黄酮含量(18.8 mg/g)相当，并远高于大豆异黄酮含量(4.784 mg/g)。互花米草快速烘干叶片中黄酮含量更高[29.128 mg/g(DW)]。

刘金珂还发现，盐沼互花米草植被中越冬芽的黄酮含量沿着向海方向逐渐升高。由于研究地点互花米草植被位于潮间带内偏上的位置，离海越近，受海水潮汐的影响越大，生境也越恶劣，因此推测互花米草组织内的黄酮含量可能与该植被抵御盐沼恶劣生境有关。这与杨晓梅等 1997 年的研究结果相吻合：即在一定范围内盐度越高，互花米草体内黄酮含量越高。

5. 互花米草黄酮类化合物的特殊价值

我们对互花米草总黄酮的许多有益于人体健康的功效做了长期探索研究。有关研究结果表明，互花米草总黄酮(TFS)可以显著提高免疫力低下小鼠的胸腺和脾脏器官的重量，提示 TFS 有免疫增强作用。试验结果还显示，TFS 在 3.125 μg/mL 和 12.5 μg/mL 浓度时能显著促进由 ConA 诱导的 BALB/c 小鼠脾脏淋巴细胞的转化作用，提示免疫增强作用相当好。

另一个实验中，低剂量 TFS (7.5 mL/kg)对由脂肪乳剂所致高脂血症大鼠血脂的降低没有影响，而当 TFS 剂量为 15 mL/kg 时，大鼠甘油三酯

(TG)和总胆固醇(TC)明显降低，由此显示，TFS在一定的剂量水平时具有降血脂作用。

此外，互花米草总黄酮(TFS)及某些结构的单体化合物还具有抑制黄嘌呤氧化酶活性的作用，从而减少尿酸生成，降低动物与人体血尿酸的水平，有利于痛风病人的康复。

6. 互花米草精提物与黄芪多糖的免疫作用对比

我们设计了米草精粉与黄芪多糖的体外免疫活性对比研究，以检验前者增强机体免疫力的水平。

取米草精粉和市售黄芪多糖，分别配制成5 μg/mL，10 μg/mL，20 μg/mL，40 μg/mL，80 μg/mL，160 μg/mL，320 μg/mL等7个浓度的样品液备用。对照选择去离子水。

胸腺和脾脏细胞增殖试验安排如下。

取小鼠胸腺和脾脏，各自做成细胞悬液：胸腺细胞用含20%FCS(牛胎血清)的高糖DMEM(含各种氨基酸和葡萄糖的培养基)配制成1×10^7个/mL浓度；脾脏细胞配制成2×10^7个/mL浓度，接种96孔板100 μL/孔，另加样品100 μL/孔，混匀后培养24 h和48 h，待培养结束前加10 μL/孔MTT(噻唑蓝，一种染色剂)，继续培养4 h，再加40 μL/孔20%SDS(十二烷基硫酸钠)，培养过夜，在酶标仪上测定OD值。

试验结果显示的是米草精粉与黄芪多糖体外培养胸腺细胞促进增殖的比较。由结果可见，无论作用24 h还是48 h，米草精粉在低浓度(5~40 μg/mL)时就表现出与黄芪多糖类似的很明显的促进增殖作用(均优于对照)。

此外，由米草精粉与黄芪多糖体外培养脾脏细胞促进增殖的比较结果可见，米草精粉在低浓度至中等浓度(5~80 μg/mL)时就表现出与黄芪多糖类似的很明显的促进增殖作用(均优于对照)。

根据米草精粉与黄芪多糖的对比研究，我们认为米草精粉是一种富含多糖、皂苷、黄酮的混合物。从生物学实验证明，米草精粉中富含的营养物质和生物活性物质有增强免疫力的生物学功能。不仅可作为人体非特异性免疫增强剂，也可以用作动物免疫增强剂，促进体液免疫及细胞免疫，加强

抗体或补体生成。米草精粉在家禽、奶牛和水产品养殖中可以替代或部分替代传统中草药提取物，添加于饲料中，应用前景广阔。

7. 互花米草乙醇提取物的分离、纯化与鉴定

为了探索研究互花米草体内活性成分的化学结构，福建中医药大学韩顺风的研究生论文做了互花米草乙醇提取物的分离、纯化与鉴定。

该论文将新鲜的互花米草地上部分(100 kg)干燥、粉碎后按照其探索的优化的提取工艺，用85%乙醇 77℃浸提，提取 2 次，每次 1.5 h，合并提取液，过滤，浓缩至膏状(7 kg)，即得互花米草的乙醇粗提取物。将互花米草的乙醇粗提取物按 1∶1 的比例溶于水中形成混悬液，分别用石油醚、乙酸乙酯与正丁醇依次萃取，回收萃取溶剂继而得到石油醚部位浸膏(312 g)、乙酸乙酯部位浸膏(400 g)与正丁醇部位浸膏(500 g)。

因为互花米草乙酸乙酯组分的抗氧化效果最好，该论文聚焦对这部分提取物进行进一步的分离纯化。取互花米草乙酸乙酯部位约 300 g，丙酮溶解，过硅胶柱层析硅胶梯度洗脱，每收集 10 L 浓缩合并一次，再通过薄层色谱检识，斑点相同或相似的组分合并。再进一步进行硅胶柱层析、SePhadex LH-20(一种羟丙基葡聚糖凝胶)、制备液相、重结晶等方法分离纯化，分离得到 20 个单体化合物。

然后对上述化合物采用高分辨质谱、核磁共振氢谱、核磁共振碳谱等技术鉴定了 15 个化合物，包括 2,3-二氢吲哚、豆甾-4 烯-3,6 二酮、麦角甾醇等。

8. 互花米草水提物的分离、纯化与鉴定

南京大学米草团队侧重对互花米草水提物的开发应用，对互花米草提取物(生物矿质液)进行了进一步的分离、纯化与鉴定。

将互花米草生物矿质液用等体积乙酸乙酯萃取和等体积正丁醇依次萃取 3 遍，并分别减压旋蒸浓缩，得到乙酸乙酯相粗膏 113.8 g，正丁醇相粗膏 159.6 g。得到乙酸乙酯相的 9 个组分和正丁醇相的 10 个组分，再将各个组分经过硅胶柱层析，ODS 反相层析，凝胶柱层析进一步分离，再经过

高效液相层析技术进行分离纯化，最终得到 18 个单体化合物。

经过高分辨质谱(HRMS)、核磁共振 H 谱(^{1}H NMR)、核磁共振 C 谱(^{13}C NMR)的鉴定，得到 18 个纯净化合物。

其中第一批进行活性测试与研究并予以重点关注的三个含量较高的化合物如下。

(1)多酚类：异戊基奎尼酸，黄色片状，质量为 29.0 mg，根据高分辨质谱推测其分子量为 544，分子式为 $C_{27}H_{28}O_{12}$，计算可知其不饱和度为 14，结构如图 6-1 所示。

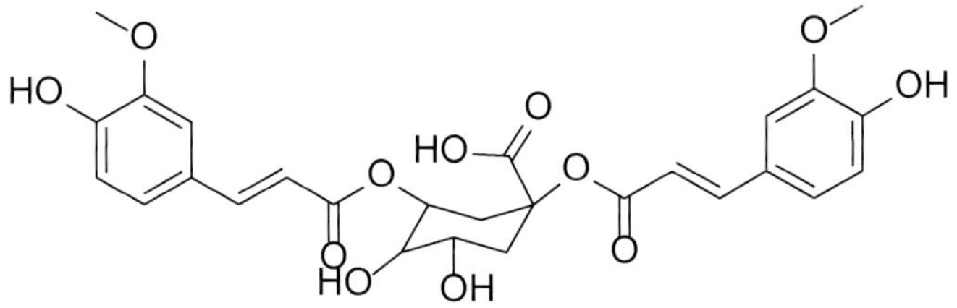

图 6-1 异戊基奎尼酸结构式

资料来源：钦佩等，2019

异戊基奎尼酸属多酚类绿原酸类化合物，根据研究，绿原酸具有抗氧化和抗炎抗菌的功效，使眼睛、关节和其他器官免受氧化和炎症损伤，在抑制化学致癌物、保护 DNA 大分子等方面均能发挥重要作用。绿原酸还能调节糖、脂代谢，改善胰岛素功能，降低 2 型糖尿病和心血管疾病等风险。

(2)黄酮类：苜蓿素，黄色块状，质量为 24.3 mg，根据高分辨质谱推测其分子量为 330，分子式为 $C_{17}H_{14}O_{7}$，计算可知其不饱和度为 11，结构如图 6-2 所示。

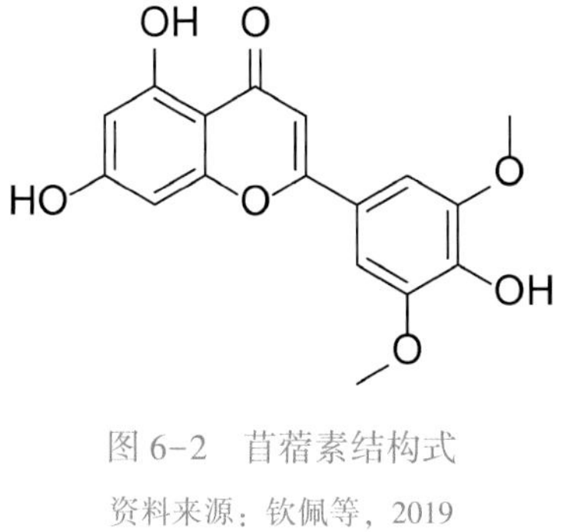

图 6-2 苜蓿素结构式

资料来源：钦佩等，2019

苜蓿素又称麦黄酮，可以从苜蓿草或其他禾本科植物（如小麦、水稻）中提取获得，是一种具有很好药效的黄酮类化合物，具有清热利尿、舒筋活络、疏利肠道、排石、补血止喘的功效。

（3）苯丙素类：对香豆酸，棕色块状，质量为 41.0mg，根据高分辨质谱推测其分子量为 164，分子式为 $C_9H_8O_3$，计算可知其不饱和度为 6，结构如图 6-3 所示。

图 6-3　对香豆酸结构式

资料来源：钦佩等，2019

实验表明，该化合物对金黄色葡萄球菌、痢疾杆菌、大肠杆菌及绿脓杆菌均有不同程度的抑制作用。动物实验证明，本品还有降血脂和降血尿酸的功效。

第7章
互花米草提取物的健康保障功效

1. 为什么米草提取物非常安全?

这个问题的答复是非常肯定的。首先说一下互花米草的生长环境，该植物生长在海滨潮间带，潮涨潮落给米草提供了高盐分、高缺氧和高脉冲的“三高”极端环境条件，将该植物打造得抗逆性特强，生长过程中不会发生任何病虫害，既不用施肥，也不用打药。在海洋和陆地两个方向输送来丰富的营养物质的同时，也不免带来一些化学的和生物的污染物质，但是令人惊叹的是，植物的自我保护机制十分巧妙：它们将毒物大部分截留在地下部分(根或根茎)，极少量的(0.1%左右)迁移至地上茎叶中，而我们的取材就是茎叶；根据我们对取材的米草茎叶和米草提取物的多点、多批次检测(包括质检部门的第三方检测)，所有食品安全所涉及的检测指标全部合格，符合国家标准。

此外，米草提取物已按照原卫生部的新资源食品毒理学评价程序的要求，完成全部三个阶段的毒理学试验，所有评价指标全部阴性(我40岁生日还吃了试验组的大白鼠，除了味道鲜美，没有任何不良感觉和后遗症)。我们在1986年完成所有试验，将报告呈上原卫生部后1994年才下达批文，批号是：卫新食准字(94)第06号，这个新资源食品批文号现在还有效，可以通过网上查询。

2. 为什么米草提取物积累的活性物质那么多?

这个问题分四个方面来回答：第一，互花米草生长在潮来潮去的“三高”逆境中，俗话说得好，“皮球你拍得越使劲，它就弹得越高”，在逆境的高压下，互花米草必须积累很多强身健体的活性物质，才能立足，才能

发展自身。

第二，互花米草在逆境中的立足和进化，将自身的地下部分打造得非常发达，除了湿地禾本科植物特有的、善于在缺氧环境中呼吸的丰富绵细的黄色根部以外，还有米草特有的非常发达的地下根茎，它们联手编织成米草纵横交错的“地下管网”，不仅保证米草群体能抵御海上的狂风恶浪，还能使之发挥“去粗取精、去伪存真”的选择性吸收和运输功能，将坏的、有毒的物质截留，将大量好的、有营养的物质运送到地上部分。

第三，互花米草在海滨盐沼的逆境中，还是得“一个好汉三个帮”；在米草根区生态系统中，一些功能微生物非常丰富和活跃，譬如，南京大学盐生植物实验室通过十多年的探索性研究，发现了一种解磷菌，能将盐沼土壤中难溶的含磷化合物溶解，为米草植株提供稀缺的磷素营养。土壤系统中，总的磷素营养并不少，但是，有效磷，或称为可溶磷就很少；因为大量的磷素在土壤中(尤其是在盐沼土壤中)是呈磷酸钙盐或其他不溶或难溶的含磷化合物存在的，不能被植物直接吸收。解磷菌能分泌一些有机酸，与这些含磷化合物起反应，将不溶或难溶的磷转化为可溶态的磷素，这样就能帮助互花米草较多地吸收磷素营养，构建自身强壮的身体。图 7-1 为该种解磷菌在电子显微镜下的两种孢子形态，图 7-2 为该种解磷菌分子鉴定中构建的系统发育进化树。

由图 7-2 可知，根据分子生物学的试验，使用引物 1 获得的序列构建系统发育进化树结果为：该真菌与 *Apophysomyces elegans* 和 *Saksenaea vasiformis* 亲缘关系较近且以高自展率为一支，且两种真菌均为毛霉目一科一属一种，并与登录号为 AF113412. 1 *Apophysomyces elegans* 同源性为 99%。就这样，类似“亲子鉴定”一样的研究，最终，我们实验室对该解磷菌命名为 *Apophysomyces jiangsuensis* sp. nov.，中文简称为米草解磷菌。

第四，米草提取物的科学提取工艺将米草中的精华充分集萃，高度浓缩，使米草中的精华活性物质成十倍、几十倍地进入米草提取物中，供消费者使用，为消费者服务。

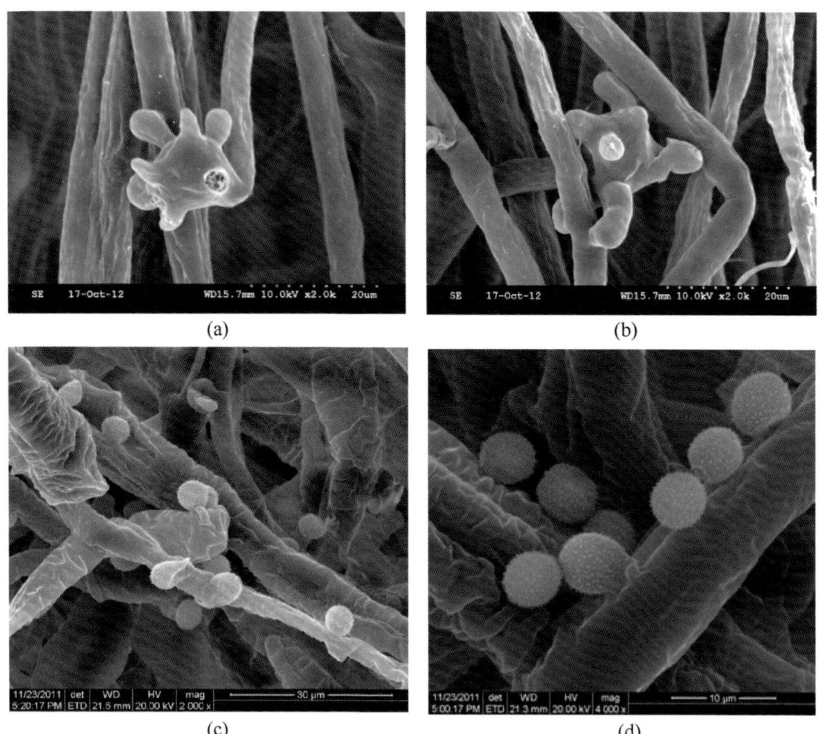

图 7-1 米草解磷菌的孢子

(a)和(b)为囊状孢子；(c)和(d)为畸变菌丝孢子

资料来源：钦佩等，2019

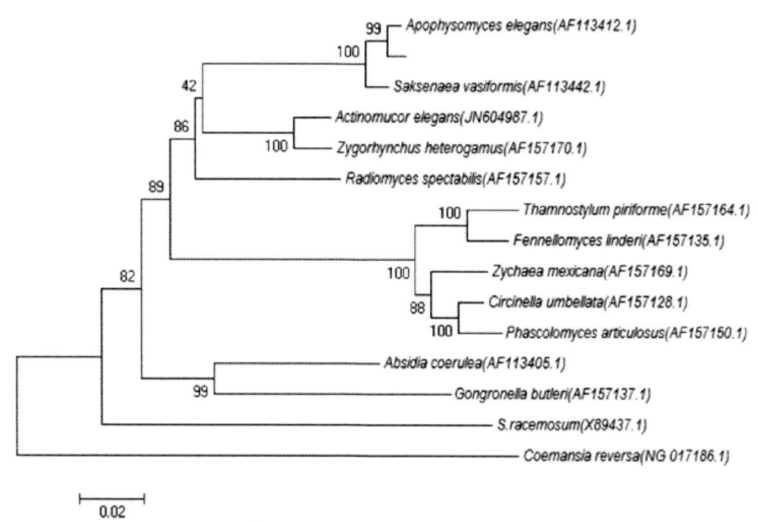

图 7-2 使用引物 1 构建的系统发育进化树

资料来源：钦佩等，2019

3. 为什么米草提取物的开发对全国人民有益?

米草提取物开发确实对全国人民有益，这要从两方面来说。一方面，从全民健康来谈，由于米草提取物含有丰富的生物活性物质(见第6章和本章“2”)，非常有益于人体健康。我国现有互花米草分布面积超过110万亩，这么多的米草资源完全可供开发全民健康食品的需要，粗略计算一下，如果每年采收30%(来年会继续萌发)，加工的增强机体免疫力的生物矿质液(或颗粒剂)可供14亿人每年服用2个月；如果全国1亿高尿酸血症患者的1/3选择服用米草提取物(因为有些患者宁可选择吃药)，再多采收一些不成问题。

由于互花米草面积大，产量高，提取得率高，能够服务于全国人民。另外米草不需要种植(多年生，每年收获，来年萌发)，生长于海滨滩涂，不占用耕地，因此米草产业的规模化发展不会影响当地农业布局。

另一方面，米草提取物产业是一项生态工程——米草绿色食品生态工程。米草绿色食品生态工程包括收获、物流、米草提取物加工、米草产品加工、米草渣养菇、菇渣养蚯蚓和蚓粪开发有机肥七个环节；这七个环节的产业都能带动当地经济产生附加值，也能带动当地老百姓的就业，利国利民，何乐而不为呢?

4. 为什么后疫情时期要特别推荐米草提取物?

目前，我国新冠病毒疫情已经得到基本控制，全民免费接种国产疫苗超过34亿剂次，大部分人完成两次接种(部分人员完成加强针接种)，国内抗疫形势大好，逐步走向后疫情时期，新冠病毒感染已改为乙类乙管，国家层面的管理指导方针是“保健康，防重症”。

国内外公共卫生专家纷纷坦言，面对任何重大疫情，在接种疫苗的同时，还需要通过民众提高自身免疫力，来配合疫苗的作用，促使人体形成较高的抗体水平，才能逐步实现群体免疫，彻底战胜疫情。

有多种方法可以增强机体免疫力，能用的原料也很多。这里推荐的海滨盐沼植物互花米草提取物非常独特，其三“高”一“低”的特征是其他植物无法比拟的，这是指：产能高(面积大、产量高、提取得率高)；安全性高(米草生长于海滨滩涂，不占耕地，无须施肥用药，其提取物1994年已获得原卫生部新资源食品批文)；功效高[服用一个月机体免疫力能得以改善(详见专著《互花米草生态工程》)]；成本低(适用于全民健康的规模化产业)。

因此，在我国逐步进入后疫情时期，要向广大民众特别推荐增强机体免疫力、维护你身心健康的卫士和伙伴——米草提取物。

5. 米草提取物能增强人体体液免疫功能

人体的固有免疫(非特异性免疫)就是自身原有的免疫力，而适应免疫(特异性免疫)就是外来的特异抗原侵入人体后导致机体产生的免疫反应，如接种疫苗(一种抗原，某种灭活病原体或病原体的一部分，或基因工程生产的疫苗)后在体内产生大量的抗体等适应性反应。

互花米草提取物富含锌、硒等必需微量元素和矿物质以及多糖、黄酮、皂苷等生物活性物质，多个动物试验和人群试验证明，米草提取物具有很好的增强机体免疫力的作用。

服用米草提取物将提升机体体液中的固有免疫成分水平，在病毒等病原体入侵时能激发体液中的溶菌酶、淋巴细胞和吞噬细胞等使其活跃起来，淋巴B细胞是体液免疫的关键，它的进一步增殖分化，形成效应B细胞(浆细胞)，产生大量抗体与抗原结合，由吞噬细胞清除入侵者。而部分B细胞形成的记忆细胞可以在体内抗原消失数月乃至更长时间后，仍保持对抗原的记忆。当同一种抗原再次进入机体时，记忆细胞就会迅速增殖、分化，又形成效应B细胞，产生大量抗体，及时将病原清除。

可见，米草提取物有助于提升人们机体体液中的固有免疫成分水平，调节非特异性免疫，在病原入侵时激发活力，产生强大的特异性免疫反应，清除病毒等病原体，维护人们的健康。

6. 米草提取物会增强人体细胞免疫功能

细胞免疫又称细胞介导免疫。狭义的细胞免疫仅指T细胞介导的免疫应答。T淋巴细胞简称T细胞，来源于骨髓的淋巴干细胞，经血流分布至外周免疫器官的胸腺定居，并可经淋巴管、外周血和组织液等进行再循环，发挥细胞免疫及免疫调节等功能。T细胞的再循环有利于广泛接触进入体内的抗原物质，加强免疫应答，较长期保持免疫记忆。

T细胞分成若干亚群，主要的有：

(1)辅助性T细胞(Th)，具有协助体液免疫和细胞免疫的功能；

(2)效应T细胞(Te)，具有释放淋巴因子的功能；

(3)细胞毒性T细胞(Tc)，具有杀伤靶细胞的功能；

(4)记忆T细胞(Tm)，有记忆特异性抗原刺激的作用，T细胞在体内存活的时间可数月至数年，其记忆细胞存活的时间则更长。

经过我们的试验研究，米草提取物饲喂动物后检测其胸腺细胞(T细胞)和脾脏细胞(脾脏是机体最大的免疫器官，占全身淋巴组织总量的25%，含有大量的淋巴细胞和巨噬细胞，是支撑机体细胞免疫和体液免疫的重要免疫器官)体外增殖的效果明显，统计处理显示，米草提取物能够显著提高动物胸腺细胞和脾脏细胞的增殖率，剂量以50 μg/mL效果最好。显然，服用米草提取物可以增强机体的固有免疫功能，当病原体入侵，将激发体液免疫和细胞免疫的有效反应，联手清除入侵者。

7. 米草提取物会增强人体的分子免疫功能

免疫活性分子包括免疫细胞膜分子以及由免疫细胞和非免疫细胞合成和分泌的分子，如免疫球蛋白分子、补体分子以及细胞因子等。抗体是机体免疫细胞被抗原激活后，淋巴B细胞分化成熟为浆细胞后所合成、分泌的一类能与相应抗原特异性结合的具有免疫功能的球蛋白。

免疫球蛋白是化学结构上的概念。所有抗体的化学基础都是免疫球蛋白，但免疫球蛋白并不都具有抗体活性。免疫球蛋白(Ig)分为五类，即免疫球蛋白G(IgG)、免疫球蛋白A(IgA)、免疫球蛋白M(IgM)、免疫球蛋白D(IgD)和免疫球蛋白E(IgE)，后两类在人体血清中含量很低，甚至检测不到。其中：IgG是血清中一种主要的免疫球蛋白，含量占总免疫球蛋白的65%~75%，其广泛分布于组织液中，血管内、外间隙中分布量大体相当，是机体抗感染的一种重要物质；IgA在血清和组织液中的含量相对较少，血清型IgA含量占总免疫球蛋白的15%~25%，在第一线抗感染防御中起重要作用；IgM虽然含量很低，但抗感染的作用最强。

我们委托江苏省家禽研究所用米草精粉添加于禽饲料中饲喂AA肉鸡的试验表明，饲粮添加互花米草添加剂对AA肉鸡血清三种免疫球蛋白均有显著或极显著性影响。为考察米草精粉在奶牛饲喂中的作用，特别是评估奶牛产奶量和免疫力状况的改善，我们委托扬州大学动物营养与饲料工程技术研究中心承担了“互花米草提取物用于奶牛免疫力与产奶量提高测试”，试验结果表明，互花米草提取物对血清中IgG、IgA和IgM浓度均有显著影响($P<0.05$)。尤其是在饲喂90天时，50 g和100 g组IgM浓度显著高于其他处理组($P<0.05$)。

综合米草提取物增强机体的体液免疫、细胞免疫和分子免疫功能的表现可见，当病原体入侵机体时，机体的应急能力增强，通过体液的输送和淋巴B细胞与胸腺T细胞的增殖分化，释放出大量免疫球蛋白抗体分子，它们像无畏的勇士，或直接毒杀入侵者，或绑缚入侵者交由吞噬细胞吞噬，完成御敌杀敌任务；另有记忆细胞记住入侵者的“番号”，下次再度入侵，定叫它有来无回。

8. 米草提取物能抗痛风降尿酸

互花米草含有丰富的皂苷、多酚、黄酮等生物活性物质，其中米草皂苷类似三七皂苷(云南白药的主要成分)；米草黄酮是高效抗氧化剂，通过抑制核酸类物质的氧化，促进嘌呤类化合物的回收，遏制过多尿酸的产生，并加大血管通透性，减轻肾脏压力，有利于尿酸排泄。

米草提取物堪称“三剂”：一是增强剂，即机体免疫力增强剂；二是

助推剂，即推进嘌呤代谢正常化的助推剂；三是缓痛剂，能减缓痛风患者的痛苦。

为了验证互花米草提取物具有降血尿酸的功效，我们建立了高尿酸血症小鼠的模型，在饲喂时加入实验目标物互花米草提取物（同时设去糖提取物和米草-锦葵混合样品），检测其对高尿酸血症小鼠血尿酸降低的效应，从而评价互花米草提取物降血尿酸等相关生理作用。

经测试，米草提取物各剂量组（包括去糖组）都不同程度地对高尿酸血症小鼠血清尿酸水平的降低有影响，而且在本实验设计范围内，随剂量增加，降低水平愈显著，其中，MC+JK 组的效果最好，更接近阳性药别嘌呤醇组的水平（表 7-1）。

表 7-1　试验样品对实验小鼠血尿酸的影响

组别	平均值±标准差（μ*M*）	*P* 值	备注
生理盐水组	152.20±21.20		
CMC 模型组	470.14±60.36		
MC1.5 mg/mL 组	432.95±54.80	0.168	与 CMC 组比
MC3.0 mg/mL 组	493.78±53.87	0.265	同上
MC4.5 mg/mL 组	429.18±138.54	0.311	同上
MC 去糖 4.5 mg/mL 组	384.66±38.01**	0.006	同上
MC+JK4.5 mg/mL 组	335.17±56.30***	0.001	同上
别嘌呤醇组	250.98±78.20***	0.0003	同上

注：** $P<0.01$ 表示显著性差异；*** $P<0.001$ 表示非常显著性差异。MC 即米草提取物，JK 即锦葵提取物。

资料来源：钦佩等，2019。

在多次试验研究的基础上，我们申请了发明专利“互花米草提取物在制备降血尿酸功能产品中的用途”，获得授权，申请专利号为：ZL 201710944784.7（图 7-3）。

证书号第4167606号

发明专利证书

发明名称：互花米草提取物在制备降血尿酸功能产品中的用途

发明人：钦佩;张鹤云

专利号：ZL 2017 1 0944784.7

专利申请日：2017年10月12日

专利权人：南京施倍泰生物科技有限公司

地址：210012 江苏省南京市雨花台区西春路1号创智大厦南楼一楼-038 南京施倍泰生物科技有限公司

授权公告日：2020年12月22日　　授权公告号：CN 107551167 B

国家知识产权局依照中华人民共和国专利法进行审查，决定授予专利权，颁发发明专利证书并在专利登记簿上予以登记。专利权自授权公告之日起生效。专利权期限为二十年，自申请日起算。

专利证书记载专利权登记时的法律状况。专利权的转移、质押、无效、终止、恢复和专利权人的姓名或名称、国籍、地址变更等事项记载在专利登记簿上。

局长
申长雨

2020年12月22日

第1页(共2页)

其他事项参见续页

图7-3　发明专利证书：互花米草提取物在制备降血尿酸功能产品中的用途

9. 服用米草提取物的同时能服用抗痛风药吗？

米草提取物是纯天然植物制剂，是推荐给痛风与高尿酸血症患者的健康食品，不能代替药品。痛风很严重的患者如果服用米草提取物不能明显镇痛和降尿酸(有个体差异)，请就医并按医嘱服药；如果服用米草提取物能明显镇痛和降尿酸，请继续服用，毕竟米草提取物没有任何毒副作用，不会伤肝伤肾。

为探索互花米草提取物中的功能化合物的降尿酸等生物功效，努力开发米草新药，我们对互花米草提取物生物矿质液进行了分离、纯化和鉴定，获得 18 个单体化合物。在查阅大量文献的基础上，我们选择了其中的绿原酸、苜蓿素和对香豆酸这三个化合物进行降尿酸动物模型试验，在本试验的设计中，阳性药物选择了苯溴马隆，由于受试的三个化合物来自米草提取物，我们依然选择了两种形态的米草提取物(即米草精粉和去糖米草精粉)加入了试验组系列(拟阳性对照)。本试验对各种处理的高尿酸血症小鼠进行了血清多项指标的测定，包括血尿酸、血糖、尿素氮、肌酐、总胆固醇、甘油三酯、总蛋白、谷丙转氨酶等指标。

本试验结果获得以下新的发现：

(1)在本实验设计范围内，对高尿酸血症小鼠血尿酸水平的测定显示，对香豆酸降尿酸效果显著，阳性对照苯溴马隆效果不显著。

(2)在本实验设计范围内，对高尿酸血症小鼠血糖水平的测定显示，对香豆酸降血糖效果非常显著，阳性对照苯溴马隆效果不显著。

(3)在本实验设计范围内，对高尿酸血症小鼠血清肌酐水平的测定显示，对香豆酸组和米草精粉组降血清肌酐效果非常显著，其他各试验组和苯溴马隆组效果显著，除了绿原酸组，其他各试验组(不包括苯溴马隆)血清肌酐都接近生理盐水组的正常水平。

(4)在本实验设计范围内，对高尿酸血症小鼠血清总蛋白水平的测定显示，各试验组和苯溴马隆组血清总蛋白水平的恢复效果都非常显著，尤以对香豆酸等三个化合物组和去糖米草精粉组血清总蛋白非常接近生理盐水组的正常水平。

(5)在本实验设计范围内，对高尿酸血症小鼠血清谷丙转氨酶水平的测定显示，两个米草精粉组降血清谷丙转氨酶效果显著，其谷丙转氨酶非常接近生理盐水组的正常水平。

第 8 章 互花米草及其提取物的研发纪实

1. 闻香识米草

1982 年的一天，在我的实验室，我和我的课题组成员按照我们既定的方法将互花米草提取液浓缩，浓缩到一定的倍数，一股浓郁的甜香味扑鼻而来，让我们十分好奇：这个盐沼里“打滚”(潮涨潮落中生活)、满身泥浆和盐霜的植物，竟然如此之香？还如此之甜？我迫不及待地凑到加热的容器口再嗅之，愈发香甜，“如入糖醪，不禁自醉”；用移液管移至小烧杯中尝之，就皱眉头了，特咸，我很快将醇厚、深咖啡色的浓缩液稀释，它竟然在烧杯中华丽转身，变成一杯亮黄色的透明液体，再尝之就是一种类似荸荠汤的清甜味(图 8-1)。

图 8-1　米草提取物的华丽转身：深棕色的生物矿质液变成金黄色的生物矿质水

浓郁的甜香味在实验楼各个楼层缭绕，飘逸，多位同事闻香而来，好奇地看着这深咖啡色的浓缩液和亮黄色的稀释液体，问这问那，“好东西，好东西！”“这里面肯定有好东西！”众人纷纷议论道。仲先生也闻香而来，激动地拍拍我的肩膀夸道：“好极了，好极了！”

是啊！事后我们比较了芦苇的提取物，根本不能与米草提取物相提并论，味儿差远了！再通过成分分析得知，米草提取物中的总糖、总盐含量很高，超过其他许多植物；另外米草提取物中的对香豆酸等芳香族化合物或它们的衍生物为其香味提供了支撑。

根据米草提取物的主要成分，我们给它命名为生物矿质液。

2. 从“猪不吃狗不闻”到“这棵草是个宝”

20 世纪 80 年代为了探索互花米草体内的“好东西”(生物活性物质)，我连续几年每个月带着研究生和本科生到苏北滨海县废黄河口侵蚀滩涂调查研究互花米草的生长特征和现场测定活性物质含量的动态变化，每次要花 1 周左右，都由县水利局安排我们住在废黄河口大淤尖闸管所。

闸管所的所长是个恪尽职守的老同志，50 开外了，在所里威信很高，大家亲切地称呼他“梁大爹”。我们每次坐十多个小时长途车从南京赶到滨海县，又转乘县里的农村汽车，摸黑才到达大淤尖，为的就是每天上午到滩涂采集互花米草样品，下午和晚上接着处理样品，用自己带来的仪器搞分析，忙忙碌碌够辛苦的。梁大爹对我们的工作和生活非常支持，但是他感到不理解，有一天晚饭后抽着烟问我：“你们一天到晚搞大米草(实际上是互花米草)，大米草，这个猪不吃狗不闻的东西，有什么用啊?”我笑笑答道：“梁大爹呀，你不要小看这棵草，它体内含有不少好东西，总有一天你会知道，它是个宝呢！”

过了两年我们和啤酒厂合作，将互花米草提取物生物矿质液开发成饮料和啤酒，啤酒厂要到滨海废黄河口米草滩收购互花米草，他们请我一同去，找梁大爹帮忙。见到梁大爹我就笑着和他说：“梁大爹，啤酒厂来买猪不吃狗不闻的东西，你就便宜一点卖给他们吧！”梁大爹有意把个脸一沉说道：“不行，不行，你钦老师说的，这棵草含有不少好东西，它现在是个宝呢！”这个梁大爹拿我的话反将我一军，众人一听都哈哈大笑起来。

3. 我 40 岁生日，把做实验的大白鼠吃了

1986 年的一天，米草提取物生物矿质液的毒理学试验完成了 90 天的大白鼠喂养，要进行解剖和病理学检查各组动物的脏器情况。那时候组织一个新资源食品的毒理学试验，非同小可，我邀请了具有资质的南京药物研究所的毒理学专家桂诗礼先生主持这项工作。按照他的要求，要尽快筹集试验经费，我只得向我的同班同学，时任江苏涟水啤酒厂的厂长杨俄芝兄化缘解决。试验开始后，桂先生常和我抱怨人手不够，除了日常喂养，一旦有什么解剖试验，我都亲自到场，充当下手。

那天的解剖和病理学检查试验从早忙到傍晚，参加试验的人都忙得筋疲力尽，好在所有病理学检查指标都是阴性。为了调侃一下，让大家放松放松，我说："今天是我的 40 岁生日，我夫人说买块蛋糕等我回去过生日，我决定拎几只大白鼠回去加个餐！"桂先生忙说："不行，不行，更何况只剩了吃生物矿质液的几只实验鼠了。"

"不要紧！"我笑着说，"今天我们的病理学检查不是很好吗？""上次我们去北京拜访预防医学科学院毒理学研究所的所长，他说过，不能就凭几个耗子的试验说话哟！""今天我把这几个耗子吃了，肯定没问题，也进一步支撑了我们生物矿质液的安全性。"我匆匆忙忙回家，三下五除二处理了这几只大白鼠，然后红烧了，端上我的生日餐桌，味道真鲜美呀！

4. 钦老师你早点开发米草提取物多好

多年前的一天，原来住在南京大学筒子楼的老邻居，后来又做了阳光广场新邻居的老姚在小区楼下相遇。他见到我愣住了，说："哎呀，钦老师怎么越活越年轻了，你看你红光满面的，吃了什么好东西啊？"我看到老姚也吃了一惊，怎么一脸土色，精神萎靡不振的，连忙说："除了一日三餐，我哪里吃什么好东西哟！不过我们老两口坚持每天吃我开发的米草生物矿质液，要不你也试试？"没想到他立马跟着到我家，灌了一小瓶米草生物矿质液，兴冲冲去试服了。

过了一个多月，和老姚在小区楼下又相遇了，没想到他的脸色好多了，精气神完全判若两人，他高兴地告诉我："吃了你的生物矿质液，我的精神好多了，头脑也十分清晰，写论文速度大增。"老姚是南京大学数学系的知名教授，退休后返聘在三江学院，除了教学，还继续撰写SCI论文。他接着告诉我，"原来写一篇SCI论文经常因为头疼要停顿好几次，要花几个月的时间，现在头不疼了，思维很清楚，一篇论文一个月不到就完成了；上个星期我停服了三天，精神又不行了，现在我又恢复吃了，我不会吃上瘾了吧？""不会的，这是纯植物提取物，没有任何不良作用，等你再吃一段时间，停一停看看。"我笑着回复他。

如今老姚和我们老两口一样，每天服用米草生物矿质液，日常生活、工作都显得精神饱满。他遇上我总是说："嗨，钦老师，你早点开发米草提取物多好！"我笑笑告诉他：1979年年底，互花米草刚引入我国，我就师从仲先生做米草研究，1982年研究生毕业留校后我就探索米草体内的活性物质，1986年完成了米草提取物的毒理学试验、生理生态学和营养学试验研究、系列产品的科技开发研究，之后就将生物矿质液、微多饮料、微多啤酒推向市场，这速度不算慢吧！

5. 尤大夫用米草治肝炎

20世纪90年代初，江苏沿海一些地区因饮食问题，流行了甲肝，江苏射阳县也未能幸免。当时射阳黄尖镇(现在划归盐城市亭湖区)中心医院的尤大夫，毕业于南京中医学院(现在的南京中医药大学)，治疗肝炎远近闻名。他开出的茵陈蒿汤是我国中医的经典方剂之一，号称"肝胆病救星"，栀子、大黄、柏皮、甘草，配上茵陈蒿熬汤，治疗肝炎效果很好。但是，患者越来越多，包括许多穷苦的农民，尤大夫忙不过来，就指导民众自己挖野地里的茵陈蒿，晒干后回家熬汤喝。结果，黄尖镇及其周边的茵陈蒿几乎被挖光，也满足不了患者的需求。

怎么办？尤大夫看到我在学术期刊上发表的几篇米草保健作用的论文，提及互花米草提取物具有增强机体免疫力、强身健体等功效，便想到用米草熬汤给患者服用试试看。没想到一批患者试服的效果很好，他们半

月后转氨酶就恢复了正常。我闻讯赶到黄尖镇中心医院，尤大夫正在亲自熬制米草汤，他连连笑着和我说："效果好，效果好，解决了大问题啊！"

在尤大夫用米草汤临床治疗肝炎病的中医药实践的基础上，我们南京大学生物技术研究所和江苏康泰公司联手合作，研发出以米草提取物生物矿质液为主要原料的复合米草口服液(又名肝宝口服液)，旨在调节非特异性免疫，1997 年获得原卫生部保健食品的批文，批号是"卫食健字(1997)第 321 号"。

6. 种牙后含服生物矿质液镇痛消肿效果好

由于医学科技的发展和人民生活水平的提高，现在老年人牙齿不好，甚至烂光、掉光，变成瘪嘴老翁(妇)已经不是唯一归属了，种植牙新技术给这些老人带来福音。种植牙分四个阶段，第一阶段是大手术：在待种牙的牙根拔除残牙，清理牙根，然后用牙科钻头在牙床骨上钻一个洞，将全钛或钛合金种植体(人造新牙根)的下端螺丝头旋入牙骨洞里，直至将其旋紧，用事先抽的病人自身的血(50 mL)将手术用骨粉拌和好，压实于种植体周围，用手术线缝合伤口(整个手术半小时左右)；第二阶段是 10 天后拆线；第三阶段是 3~6 个月后的一个小手术：划开种植体上部表皮，检查种植体生长情况(和牙床骨是否紧密结合好了)，如果生长良好，再过 10~20 天后进入第四阶段：取牙模，一个月后安装新牙冠。

我最近几年种了 12 颗牙，有人问我种牙疼不疼？君不见上述种牙的第一阶段，那个血淋淋的场面，有的人还真受不了；当然种植后的 7~10 天是种牙病人必定难挨的痛苦期，通常医院会为你准备好索米痛类的止痛片、甲硝唑类的牙科消炎片和漱口水(药用的，还是甲硝唑类的)，为你镇痛消肿。一般来说，我是不会用这些药的，我会在种牙后每天多用一次米草生物矿质液，上午一次，下午再加一次，将浓缩液稀释 200 倍，而且是含服，每含一次在口腔，特别是种牙处停留半分钟到一分钟，然后喝下去，一杯生物矿质水要含服 30~40 分钟。每每我如此善待我的种植牙，我的疼痛感就会消除得很快，通常 3~4 天就会消肿，去口腔医院拆线复查时，医生都说我恢复得好，我会很得意地和他们说，我有特种口腔"保健液"哟！

如今我们正在和一些口腔医院以及生产企业商讨如何开发这一特种口腔“保健液”，为口腔科病人(包括种植牙的、拔牙的、根管治疗的和其他口腔疾病患者)减轻痛苦。

7. 米草提取物饲喂蛋鸡可以增收

为了适应市场需求，扩大米草提取物的饲用范围，我们想方设法，凑足经费，进行米草提取物饲喂蛋鸡的探索。本次试验委托江苏省家禽所承担，试验选取30周龄、体重一致的海兰褐蛋鸡480羽，按单因素试验设计设5个处理，每个处理6个重复，每个重复16羽鸡，饲喂基础日粮，正式饲期56天，各处理组分别饲喂添加0%、0.003%、0.005%、0.010%与0.015%米草提取物的5种日粮。根据试验报告，蛋鸡饲粮添加米草提取物的经济效益分析如下：以1万羽蛋鸡养殖为例，计算添加米草精粉后，一个月生产周期中对改善料蛋比和提高产蛋率所带来的经济收益，选取性能较好的0.005%米草提取物组与对照组进行比较，分析结果如表8-1所示。

表8-1　饲粮添加米草提取物与海兰褐蛋鸡养殖经济效益分析

项目分析	空白对照组	0.005%米草精粉	差额
万羽蛋鸡日产蛋重(kg)	473.7	491.7	
万羽月卖蛋收益(元)	113 688	118 008	+4 320
日耗料量(kg)	1 061.09	1 012.90	
月饲料成本(元)	95 498.1	91 161	+4 337.1
添加剂成本(元)	0	1 519.4	−1 519.4
纯收益(元)	18 189.9	25 327.6	+7 137.7

注：鸡蛋价格以8元/kg批发价计算，饲料成本以3.0元/kg计算，添加剂成本以1 000元/kg计算。

由表8-1可知，1万羽的海兰褐商品蛋鸡养殖场，使用0.005%即50×10^{-6}米草提取物后，每月生产周期中可以增加7 137.7元收益，以全年维持8月产蛋期计算，则每年可以增加57 101.6元收益，每只商品蛋鸡净增收5元左右，经济效益可观。本次试验由江苏省家禽所选择的饲喂蛋鸡的时间放在6—7月份，时值蛋鸡下蛋的衰减期，获得这样的结果令人满意。

第 9 章
互花米草的两面性及其生态控制

1. 互花米草是具有两面性的重要物种

互花米草是以抗风防浪、保滩护岸为引种目的的外来种，引种以来，非但它的保滩护岸功效十分好，而且促淤造陆给我国沿海地区新增大量土地资源，带来巨大的社会经济效益。但是，强大的繁殖和传播能力使互花米草给本土物种的发展和生物多样性保护造成很大的压力，这是需要正视的。我们可以说，互花米草是一个具有两面性的重要物种。其两面性是一个矛盾统一体，是统一于互花米草这一强势物种自身的两个方面。它的本质所在就是其正负效应互为镜像体，同时显现，但在时空域中会有强弱不同的表达。

经过 20 余年的批判和争论，学界对互花米草的认知和定位更趋理性。外来种互花米草具有典型的两面性：因为其植株高大，地下部分发达，繁殖力强，生产力高，在抗风防浪、促淤造陆和固碳等方面具有不可忽视的正效应；而这与生俱来的生物学强势使该物种在海滨盐沼形成发展速度很快的单种优势群落，体现出一定的入侵性，从而具有不小的负效应。我们通过查询近十年来国内外对互花米草的研究论文，分析其正负效应，用最新研究成果剖析其本土化倾向，并对其生态控制提出建设性方案。

2. 抗风防浪作用强劲但也改变了局部景观

2004 年 12 月印度尼西亚大海啸中凡有红树林护岸的海滨地区受到的冲击和损害就较小。研究指出，互花米草依靠高大密集的植株，消浪作用更胜一筹。南京水利科学研究院与浙江水利厅的合作团队在浙江温州的现场测试表明，10 m 高的海浪通过 200 m 宽草带时，草带的消浪能力接近 50%（表 9-1），超过红树林消浪能力的 10 倍。互花米草抗风防浪、保滩护岸的最强有力的例证是：1994 年 17 号台风在温州登陆，正面袭击苍南东塘海堤，平均浪高 7m，最大浪高 10~11 m，70%的块石构筑的标准海堤被毁，仅有 15 km 长的海堤被保住了，正是由于堤外种植和发育成密集的 200 m 宽的互花米草草带提供了有效的消浪作用(图 9-1)。另据射阳水利局的资料，射阳北部沿海互花米草保滩护岸生态工程实施 9 年(1986—1995 年)来，在射阳河以北的侵蚀性潮滩上，互花米草占滩面积达 1 610 hm^2，受益海岸线共 22.47 km，取代了块石护岸设施，节省护岸工程投资、防汛修理费和人工等共计 320 余万元。根据盐城射阳的米草护岸基础数据进行测算，每 50 hm^2 互花米草(1 000 m×500 m)可以保护 1 000 m 的海堤，节省修理费用 530 000 元。他们的防护经验在盐城沿海地区得到推广。

表 9-1 互花米草的消浪效果(消浪%)

草带宽度 B	水体总高度						
	5 m	6 m	7 m	8 m	9 m	10 m	11 m
0 m	0	0	0	0	0	0	0
10 m	7%	0	0	0	0	0	0
20 m	15%	6%	0	0	0	0	0
30 m	24%	13%	5%	0	0	0	0
40 m	34%	21%	11%	4%	0	0	0
50 m	45%	30%	18%	9%	3%	0	0
60 m	57%	40%	26%	15%	7%	2%	0
70 m	70%	51%	35%	22%	12%	5%	1%
80 m	81%	63%	45%	30%	18%	9%	3%
90 m	90%	73%	56%	39%	25%	14%	6%
100 m	97%	81%	65%	49%	33%	20%	10%
110 m	100%	87%	72%	57%	42%	27%	15%
120 m	100%	91%	77%	63%	49%	35%	21%
130 m	100%	93%	80%	67%	54%	41%	28%
140 m	100%	95%	81%	69%	57%	45%	33%
150 m	100%	96%	81%	70%	58%	47%	36%
160 m	100%	96%	82%	70%	58%	48%	37%
170 m	100%	97%	82%	71%	59%	48%	38%
180 m	100%	97%	83%	71%	59%	49%	38%
190 m	100%	97%	83%	71%	59%	49%	39%
200 m	100%	98%	84%	72%	60%	49%	39%

资料来源：闵龙佑等，1996。

当然，在海滨滩涂引种互花米草，建立起 100~200 m 以上宽度的人工植被带后，正是这高大密集的互花米草单种群落明显改变了海滨潮间带泥滩的景观与微地貌，以顽强的生命力和旺盛的繁殖力进行扩张，改变了本土物种的生活条件和生态系统的营养结构，侵占了它们的栖息地，在与本土物种竞争中取胜，甚至以明显优势取代它们，譬如在长江口挤占芦苇和海三棱藨草的栖息地，在苏北盐沼挤占碱蓬等的栖息地，显示这一外来的强者带来一系列负面作用。

图 9-1 互花米草植株密度很大，密不透风，抗风防浪作用强(李博提供)

3. 促淤造陆作用非凡但会改变河口水文格局

互花米草在消浪的同时，其茎叶能够黏附潮水带来的泥沙，这些泥沙最终沉落到滩面上，从而促进了滩面的动力沉积作用，加速造陆速度。据测算，波士顿的一处互花米草滩涂 100 年间淤长了 61 cm(扣除地面下沉，净淤长为 31 cm)，而另一处稳定的密西西比河口的四联湾互花米草滩面的百年淤长仅为 45 cm。在中国苏北沿海由于江河泥沙供应量大，互花米草的促淤效果更明显。如根据东台弶港岸外辐射沙洲的 56 处试验点的测试，互花米草滩面 3 年多淤长了 48.5~52.1 cm，而同时期光滩的淤长仅为 10.5~16.9 cm，这是我的导师，96 岁的仲崇信教授在 2004 年发表的论文中提供的权威数据。至 2012 年 7 月具有多年滩涂一线工作经验的江苏省滩涂局李玉生处长反映的最近信息，该辐射沙洲的第一块淤长成陆土地 10 万亩围垦工程已趋完成，互花米草的促淤创造了巨大的生态经济效益。1993 年，珠海南水大基进行的比较实验表明，草滩的促淤造陆比同等高程的光滩淤积一般要快 2.0~2.5 倍，海湾连片的互花米草带淤积速度达 500 m^2/a；浙江省 1998 年的一线数据显示，种植米草促淤造陆后新增土地达 11 333.33 hm^2(图 9-2)；南京师范大学沈永明博士在 2001 年撰文指出，江苏沿海互花米草盐沼每年比光滩多淤积近 900×10^4 m^3 泥沙，每年新增土地 2 万余亩，促淤效益可观。

图 9-2　2006 年浙江玉环漩门湾 5 000 hm^2 互花米草滩地即将被围垦成新陆

也有报道显示，正是通过促进泥沙积累和滩面淤长，互花米草可较快改变河口水文格局，如美国加利福尼亚大学的 Daehler 和 Strong 1996 年指出，互花米草加速了滩涂和某些港区的淤积速度，影响船只航行和泄洪，迫使港区提前下迁，给当地带来不小的经济损失和社会影响。

4. 公认的固碳效应与释放温室气体的负作用

由于互花米草具有较长的生长季、较大的叶面积指数、较高的净光合作用速率和较大的地上、地下部分生物量，其固碳作用非常明显。根据长

江口九段沙三种植物固碳、固氮效果的对比检测，互花米草的固碳、固氮作用明显高于本土植物芦苇、海三棱藨草和光滩，而且互花米草地下部分的凋落物的降解速率也远低于本土植物芦苇、海三棱藨草，使互花米草对碳的净固定作用更为强劲。这些重要的观测试验结果竟然是国内一个要剿灭清除米草的团队提供的，真感谢他们严谨的科学态度。

碳循环和海滨盐沼系统碳的汇源机制较为复杂。潮来潮去的潮间带为这一区域的物种提供了间歇性的还原性环境。在这种环境中生长的大型禾草互花米草和芦苇都能将基质中产生的 CH_4 等温室气体通过其通气组织排放出去，淹水环境所造成的排放更甚，而且生物量大的互花米草 CH_4 的排放量高于芦苇。

虽然互花米草盐沼具有很高的光合作用速率和初级生产力(包括发达的地下部分)，因而具有很强的固碳作用。但是处于还原条件下的盐沼，其汇源(碳的固定和排放)机制复杂，因而科学评估互花米草盐沼对温室气体排放的贡献，需要深入研究，对每一个重要时空节点作出定量测定。

5. 米草与生物多样性

批评互花米草主要聚焦在其破坏本土生态系统的生物多样性(图9-3)。典型的争议是潮滩的底栖动物，学术界还是有不同的意见和不同的研究结论。Netto 等 1999 年提供的研究数据显示，巴西南部巴拉那瓜湾潮间带大型底栖动物的带状分布中，监测并鉴定到 59 种底栖动物，其中，互花米草盐沼中就有 47 种，以多毛类为主；光滩中只有 36 种。Netto 等认为，互花米草的活体及有机碎屑为海湾大量底栖动物(底上和底内的)提供了良好的营养和结构空间。陈中义等在 2005 年发表的研究结果通过比较测定了崇明东滩湿地互花米草和海三棱藨草这两个草滩中的底栖动物群落结构，发现被检区域的互花米草滩内底栖动物密度为 3 119 个/m^2，略低于海三棱藨草滩内底栖动物密度 3 459 个/m^2，二者之间没有显著差异。这项在东滩的观测还显示，互花米草的入侵改变了草滩系统的营养结构，互花米草群落中食碎屑者的数量百分比显著大于海三棱草群落，食悬浮物者和食植者的数量百分比显著小于海三棱藨草群落。

我的博士生周虹霞研究了苏北海滨湿地底栖动物的时空分布，于 2009

图 9-3 江苏盐城丹顶鹤自然保护区的春季滩涂互花米草与碱蓬交错萌发，前者对后者有一定的挤占威胁

年发表的 SCI 论文揭示，互花米草盐沼中的底栖动物生物量明显高于光滩，但是物种数量不及光滩，两个系统中的种类也不尽相同。光滩中的软体动物（主要是贝类）多于草滩，而草滩中生活着数量众多的甲壳类（如多种蟹类）和多毛类（尤其是双齿围沙蚕）。

关于对鸟类的影响，大多数学者认为，互花米草的入侵抢占了大面积淤泥质光滩，对许多以光滩为栖息地和觅食的鸟类十分不利。但在研究中也有一些新的见解。他们原本激烈地批评互花米草抢占了鸟儿们的栖息地，然而在 2011 年比较观测崇明东滩部分鸟的生境选择时发现，不同的鸟对互花米草和芦苇草滩各有好恶，取向不同。Nordby 等 2009 年发现，由于海滨盐沼的开发，圣弗朗西斯科湾的阿拉梅达歌雀已近濒危，它们选择两种本土物种盐角草（*Salicornia virginica*）、胶草（*Grindelia stricta*）和互花米草群落为筑巢地，当然在后者的筑巢成功率仅为前者的 30%，因为后者生态位在中潮带，容易受到潮水的侵袭。另一种加利福尼亚州濒危鸟类长嘴秧鸡（*Rallus longirostris*）偏好选择互花米草群落筑巢。冬季，在盐城珍禽国家级自然保护区米草滩的浅水塘边常有丹顶鹤和其他鸟类在活动，吕士成拍摄了白鹭欢快觅食的照片（图 9-4）。

图 9-4　互花米草滩浅水塘边白鹭欢快地觅食(吕士成提供)

复旦大学李博教授课题组尽管主张清剿米草，但是他们在 2009 年发表在 *Ecological Engineering* 杂志上的重要研究指出，运用双稳定同位素 $\delta^{13}C$ 和 $\delta^{15}N$ 方法检查了长江口潮滩湿地四种重要的游泳动物鲮鱼(*Chelon haematocheilus*)、斑尾复虾虎鱼(*Synechogobius ommaturus*)、鲈鱼(*Lateolabrax japonicus*)和脊尾白虾(*Exopalaemon carinicauda*)的食物来源，其中 48%~68%是互花米草提供的，而本土植物海三棱藨草和芦苇的贡献率小于 20%。其结果证实，互花米草显然已很好地融入了河口系统的水生食物网。

除此以外，我的两位研究生吴宝镭和纪一帆在 2011 年发表的论文中用大量实验数据证实，大丰野放麋鹿种群偏好选择互花米草群落作为其栖息地，而不是本土物种芦苇群落。

6. 根除米草事倍功半，劳而无功

对外来种必挞、必除的思潮和做法非但不科学，而且有害。拿互花米草来说，有些地方自恃有钱，在几十平方千米的河口区域实施米草根除工程，这种大工程从哲学上来说是形而上学，经济上来说是盲目烧钱，从生态上来说是无用的，甚至是有害的。

从哲学上来说，互花米草是外来物种，我国引种的目的是抗风防浪和保滩护岸，大量的沿海防护的实践证明，互花米草抗风防浪和保滩护岸的效果很好；而且由于米草的促淤效果也好，引种以来为我国苏、沪、浙、闽四省市新增陆地超1000万亩。无视这样好的社会经济效益，盲目追求生物多样性的保护与提高(实际上是部分改善)，偏执而短视，这是典型的形而上学。

7. 对待米草应兴利除弊，生态控制

互花米草的引种是出于保护我国海防的国家利益，1979年由原国家科委委派南京大学仲崇信教授组团赴美执行引种任务的。我们不能只看中生物多样性的保护就要根除米草，那样做就会危害国家海防保护的战略，就会危害我国新增陆地的大事，就是损害国家利益；总之，决不能因噎废食，因小失大。

2000年8月，时任国务院副总理温家宝批复的科技部米草问题的报告明确指出："米草能起到消浪护堤、促淤造陆、保护环境的作用，并具有经济开发价值；在适宜地区要继续开展综合利用的技术研究与开发，实现物尽其用；在疯长区域要加大防治技术的研究开发力度，实现有效控制。"

1999年8月，时任国务委员，全国政协副主席李贵鲜在给我的回信中明确指出："目前，对米草种植的利弊评价不一，建议认真对待，继续研究，兴利除弊。"他又指出："米草耐盐碱性能很好，在海水中生长茂盛。米草利用问题，除护堤、促淤外，还可进一步研究食用、饲料和造纸等。"李主席还希望我们"坚定不移地探讨研究下去，使米草产生更大的经济和生态效益"。

从上述文字中可以看出，国家层面对米草的态度非常鲜明：米草正面功效是消浪护堤、促淤造陆、保护环境的作用，并具有经济开发价值；鼓励进行"综合利用的技术研究与开发"，对其负面作用要"加大防治技术的研究开发力度，实现有效控制"，从未提出"彻底根除"。我们一定要以国家利益为重，妥善处理米草问题，调动一切积极因素，争取最大的社会效益、生态效益和经济效益。这些观点在我做客座主编的著名SCI刊物 *Ecological Engineering* 专辑的有关论文中均有所涉猎(图9-5)。

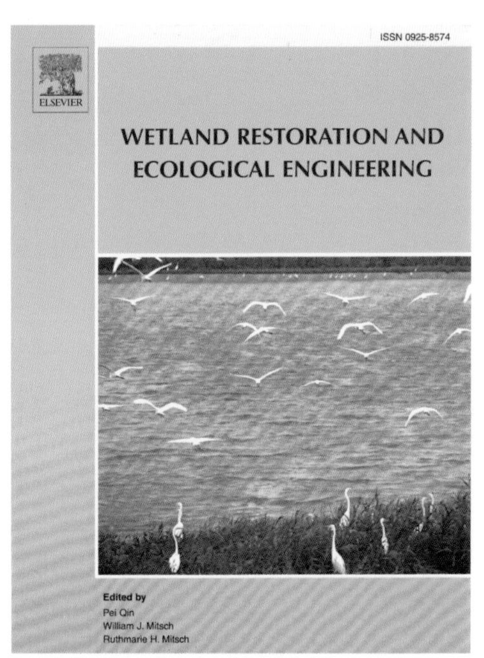

图 9-5　19 篇米草研究英文论文发表在著名 SCI 刊物 *Ecological Engineering* 的专辑“Wetlands Restoration and Ecological Engineering”(作者为客座主编)上

8. 倡导生态工程，有效控制米草

互花米草生态工程是利用我国引种的互花米草所进行的海滨生态工程的研究和设计，其宗旨在于保护和利用相结合，合理开发资源，充分利用米草人工湿地的生物量和系统的能量，既发挥其保滩护堤的功效，又不失时机地进行绿色食品的开发和综合利用，对其实施有效的生态控制，促进生态系统的良性循环，做到对人类社会和自然环境都有益无害，有利于海滨地区的可持续发展。互花米草生态工程丰富了我们对外来种生态控制与资源化利用相结合的技术路线和方法；也做到兴利除弊，充分利用海滨生态系统的绿色生物质，为民造福，为社会谋利。

互花米草生态工程张扬了互花米草繁殖力强，生产力高，在抗风防浪、促淤造陆和固碳等方面发挥的不可忽视的正生态效应，给沿海地区带来巨大的生态效益、社会效益和经济效益；同时，该生态工程技术从深层次挖掘了互花米草体内的生物活性物质，将来自海洋的纯植物提取物提供给人众，使之服务于提升人体的免疫力，服务于抗痛风、降尿酸，服务于大众的健康；更有甚者，通过适时收割加工，可以控制互花米草在种子成熟期的大量种子传播，做到对该物种的生态管控，确保兴利除弊，化学工业出版社出版的我领衔编著的《互花米草生态工程》总结汇编了有关互花米草应用研究与资源化利用40年的成果(图9-6)。

图9-6 作者领衔的南京大学米草团队40研究成果汇集一本专著《互花米草生态工程》

第 10 章 互花米草的产业化

1. 互花米草的综合利用必须实现产业化

虽然 20 世纪 80—90 年代我们南京大学米草团队开发出米草系列产品，并且在国内市场打开了一定的销路，产生了一定的影响，但是与全国 80 万~100 万亩的米草面积相比(现在已发展到 110 万亩)，是不匹配的。2000 年前后，国家领导人在相关文件中明确指出："目前米草综合开发利用研究滞后，已有成果转化率低，尚未形成产业转化优势"，要求"继续开展综合利用的技术研究与开发，实现物尽其用"；还对从事互花米草研发的科技工作者提出建议："继续研究，兴利除弊"；希望我们"坚定不移地探讨研究下去，使米草产生更大的经济和生态效益"。毫无疑问，这些指示和建议是互花米草综合利用与推动互花米草产业化的明确而务实的动员令，只有做好互花米草的综合利用，实现互花米草的资源化利用，才能对这一外来物种实施有效控制；也只有不断创新，运用层出不穷的高值化利用的科技成果转化为生产力，实现米草产业化、规模化，才能促进这一有经济价值的植物实现社会效益—经济效益—生态效益的最大化，真正做到洋为中用，不辜负当年国家确定的引种目标。

2. 互花米草的产业化条件

要实现互花米草的产业化，日臻完善的生态工程科技条件加上互花米草的固有条件已经具备，具体来说条件如下。

(1)适时收割米草—提取加工成健康食品—草渣培养菌菇—菇渣培养蚯蚓—培养渣和蚓粪加工有机肥，这条互花米草生态工程产业链已经完善；

(2)上述互花米草生态工程产业链实施的同时，收割后的米草滩有利于采挖、收获米草滩底栖动物沙蚕，支撑了米草滩副业；

(3)互花米草生态工程产业链实施的同时，收割后的米草滩有利于候鸟的栖息、觅食，支撑了米草生态系统的生物多样性提升；

(4)互花米草滩的原位利用是米草生态工程产业的一条支链，可用于放牧，也可收割后饲喂牛、羊、鹅等食草动物；也可在米草滩进行围堰养殖和插杆养殖，以米草的防风效能和营养提供来支撑米草滩养殖业；

(5)米草滩以其植物高度、植物营养和米草盐沼特有的潮水沟为野放麋鹿提供了庇护所和动物必需的营养和水分，支撑了米草盐沼特别的生物多样性提升；

(6)我国沿海互花米草分布面积已超110万亩，其生物量年均达2吨/亩，如此多的生物质为其产业化利用具备了很好的天然条件；

(7)互花米草身处海滨潮间带逆境，其体内积累了大量生物活性物质，真是“天生我材必有用”，为其产业化利用提供了难以攀比的天然资质；

(8)互花米草的提取加工技术以及不断创新所衍生的相关高新技术，我们米草团队所拥有的发明专利等知识产权，为米草产业化提供了实实在在的科学技术保障。

3. 互花米草产业化的瓶颈

虽然互花米草产业化已具备了天然固有的良好条件及科技支撑条件，但是其实施非常不易，甚至存在不小的瓶颈。

譬如说，互花米草功能食品的研发遭遇到国家对一些滥竽充数的“保健品”打压的严冬气候。“城门失火，殃及池鱼”，一些假货受到彻查清理，一些不法分子搅乱保健品市场，使真正的保健品、功能食品发展也受到挤压，甚至，在某些实实在在有益于人体健康的功能宣传时都得谨慎从事，很难说透。解决的办法只能是依法办事，注重实验，依据科学，把握国家相关政策，从为人民健康的大局出发，用经得起查验的功能数据，突破相关瓶颈，走向广阔的市场。

此外，一些食药行业的企业缺乏大局意识，创新的意愿不足，动力不够；他们明明知道是好东西，也不愿在开拓新品方面下决心，下功夫；甚

至在开发国产一类新药方面畏首畏尾，生怕自己投入巨资开发成功新药后被其他企业仿制、假冒。只有加强国家相关政策的宣传引导，进一步规范食药行业新品开发的法规，努力营造风清气正的创新创业环境，严厉打击不法企业违法违规的侵权行为，才能突破这些瓶颈障碍。

还有，一些金融投资行业的企业(甚至包括政府的人才计划)也缺乏眼光，他们不愿做“雪中送炭”的事，他们的投资是很快要有回报的，着眼于“短平快”，甚至一些金融企业还存在“潜规则”，因此，缺乏资金也让米草产业化举步维艰。

4. 互花米草产业化的范例——米草功能啤酒

20 世纪 80 年代末，我的课题组研发出一种米草啤酒，其工艺是将米草提取物适度添加于啤酒的后酵过程，酿制的啤酒含有来自米草体内的 14 种必需微量元素，有来自米草的特殊清香。

添加米草提取物进入啤酒发酵过程，对啤酒酵母活性提升有明显作用。

由于该啤酒含有来自米草体内的许多活性物质，故对啤酒风味和质量有所改善，如所含多糖、黄酮，给啤酒带来特殊的清甜味，入口甘醇，十分怡人；又如所含皂苷，让啤酒泡沫含量多，挂杯持久。

更为神奇的是，米草所含多种活性物质可以抑制人体内黄嘌呤氧化酶的活性，从而确保饮用添加米草提取物的啤酒能够减少尿酸生成；对黄嘌呤氧化酶抑制率越高，尿酸生成量就越低(表 10-1)，这让许多爱喝啤酒的朋友选用米草功能啤酒，可以免去引发痛风的担忧。

表 10-1　啤酒添加米草精粉后对黄嘌呤氧化酶的抑制率(%)

米草精粉添加量*	啤酒(空白)	低剂量	中剂量	高剂量
抑制率	0	36	32	28

注：*“米草精粉”即米草提取物(浓缩液)干燥后的产品；由于添加量涉及企业工艺保密，只能用“低剂量”“中剂量”和“高剂量”表示。

资料来源：南京施倍泰生物科技有限公司米草团队最新研究。

5. 互花米草产业中的精髓——米草提取物

由于米草身处海洋与陆地两大系统的交汇带，不仅获得两大系统来源的能量和营养，而且是处于一个极端环境(高脉冲、高盐度、高缺氧)中获得海陆的“馈赠”，米草接受后不敢“怠慢”，用其特有的C4代谢途径获取了丰富的光合产物，继而再使出浑身解数(不同的代谢途径)，制作出多种生物活性物质。我们通过绿色工艺，将这些活性物质提取出来，精制成米草提取物，它确实堪称是米草的“精髓”。

南京医科大学资深公共卫生专家姜允申教授多次强调“米草提取物”是他所了解的诸多产品中研究试验最扎实，功效最好的，建议加大科技开发力度，在后疫情时期全力推出一款米草提取物普惠性产品，配合疫苗接种，增强大众的免疫力，为我国实现群体免疫做出应有的贡献(图10-1)。

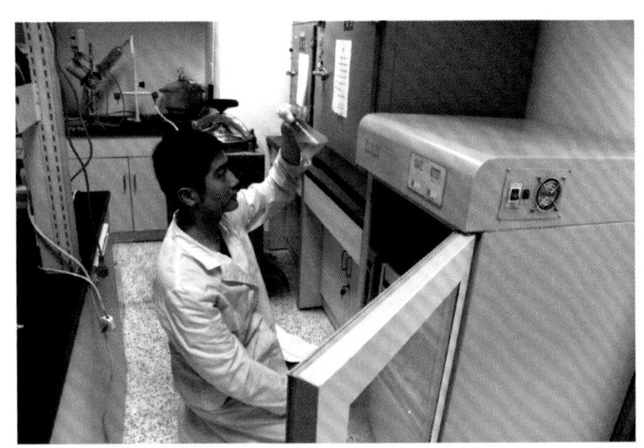

图10-1　米草提取物活性成分研究

6. 互花米草产品的人群试验

南京大学盐生植物实验室(我的米草团队)从事互花米草的应用开发研究逾40年，发明的互花米草提取物生物矿质液1994年获得原卫生部新资源食品批文，开发了多个米草产品，也做过多次人群试验，摘取其中两份有代表性的完整的试验报告如下。

提高唾液溶菌酶含量的试验

挑选48位南京市老年大学志愿参试者，年龄在55～65岁，男女各半，分成两大组，每组24人(男女各半)；一组每人日服米草精粉片2片，另一组不服用，做对照，试验时间30天。每位参试者在参试前及试验结束时进行唾液的采集：用洁净试管对每位参试者收集自然流出的唾液，个别采集困难的参试者用消毒棉签刺激下颌腺促使唾液分泌后采集。唾液均在上午8—10时采集，并于采集当天用琼脂糖火箭电泳法测定完毕，本次研究用的溶菌酶标准品由南京建成生物工程研究所提供，黄色微球菌由本室培养。唾液溶菌酶活性测试结果见表10-2。

表10-2　服用米草精粉的人群及对照组唾液溶菌酶活性的变化(μg/ mL)

组别	服用前	服用后
	平均值±标准差	平均值±标准差
米草精粉片组	56.02±21.26	93.35±38.17*
对照组	56.27±22.08	55.89±23.01

注：* 显示 $P < 0.01$。

资料来源：钦佩等，2019。

抗痛风降尿酸试验

2018年秋季，与我们合作的公司组织了米草提取物千人试服活动，各个分公司动员了有关痛风或高尿酸血症患者参与。经服用前后测试数据对比，绝大部分的患者都有不同程度的好转。但是，各分公司的活动组织水平参差不齐，有的点前后两次尿酸数据收集不到位，只好对集中的相关数据做了统计处理，试服活动参与者的尿酸水平的下降(显著下降)有效率在85%左右。

南京大学主持的2017科技部重点专项“河口湿地盐生生物资源的开发利用与产业化”(2017YFC0506005)课题实施后，上海杏林生物科技有限公司参与相关研发。由上海杏林生物科技有限公司于2017年11月组织江苏东台、大丰等地区63位痛风病人(全部男性)试服互花米草提取物的人群试验，为期 2 个月，于 2018 年 3 月 1 日将全部数据汇总，完成了一份完整的试验报告。相关人员服用前后血尿酸测试的数据显示，全部参试者 62 人服用本品后血尿酸大幅度下降，痛风不再发作，极少数偶尔发作 1 次；唯有第 56 名参试者未按时认真服用本品，效果不明显。

7. 互花米草产业化的未来

互花米草产业化的未来肯定是一片光明，因为它开发出为大众健康服务的好产品；因为它还能在延长的产业链上开发多个有益的产品；因为它在生产和销售环节能带动许多人就业；还因为它的绿色工艺导致最终零排放，有利于我国的碳达峰和碳中和计划的实现。

根据现有的设计，互花米草产业化有两个走向。

第一是健康食品—功能食品—安全药物。首先要着力开发米草普惠性兼功能性的米草健康食品。用互花米草制取生物矿质液和米草精粉(生物矿质液进一步干燥制得)得率很高，它们用来增强机体免疫力效率也很高。

然后推出有利于抗痛风、降尿酸的保健食品，乃至安全药物。

以下提供互花米草抗痛风降血尿酸活性研究的两个实例，让读者认识互花米草提取物以及衍生的新化合物产品的降血尿酸功能及其安全性评价。

实验实例一

本研究建立了高尿酸血症小鼠的模型，在饲喂时分别加入米草精粉、米草去多糖提取物、米草提取的对香豆酸化合物以及阳性对照药物苯溴马隆，检测其对高尿酸血症小鼠血尿酸降低的效应，试图验证互花米草提取物及相关化合物(对香豆酸)降低小鼠血尿酸的功效。

经测试，试验样品中两个米草精粉组(包括米草去糖精粉组)都有不同程度地对高尿酸血症小鼠血清尿酸水平降低的影响，而且在本实验设计范围内，对香豆酸组降尿酸效果显著，而同剂量的阳性对照苯溴马隆组效果不显著(表 10-3)。

表 10-3　试验样品对实验小鼠血尿酸的影响

组别	剂量	平均值±标准差	P 值	备注
生理盐水组		127. 68±21. 63		
CMC 模型组	0. 8%	695. 25±64. 37		
对香豆酸组	0. 5 mg/mL	505. 2±20. 93	0. 038 *	与 CMC 组比
米草精粉组	4. 5 mg/mL	531. 04±74. 93	0. 065	与 CMC 组比
米草去糖组	4. 5 mg/mL	537. 31±67. 92	0. 074	与 CMC 组比
苯溴马隆组	0. 5 mg/mL	602. 80±87. 8	0. 171	与 CMC 组比

注：* $P<0.05$，表明与 CMC 模型组有显著差异。

实验实例二

在米草提取物中找出抗痛风降尿酸的关键化合物后，为寻找活性强、安全性高的新化合物，用人工智能方法进行虚拟筛选，筛选出 105 个新化合物，在此基础上，优选出 45 个米草素新化合物，对它们进行了人正常肝细胞 L02 的细胞毒性测试和对黄嘌呤氧化酶活性抑制率的测试，进一步优选出比阳性药别嘌呤醇的细胞毒性低、对黄嘌呤氧化酶活性抑制率高的 5 个新化合物(表 10-4)。

表 10-4　5 个米草素系列化合物 10 μM 浓度下的抑制率和细胞毒性数据 *

编号	抑制率(%)	$CC_{50}/\mu M$
米草素-A2	62. 89	49. 27
米草素-C2	84. 48	14. 40
米草素-B10	78. 54	49. 87
米草素-F1	88. 20	73. 51
米草素-G5	93. 74	25. 28
别嘌呤醇	45. 62	—

注：* 抑制率是指“米草素”新化合物对黄嘌呤氧化酶活性的抑制率，越高越好；细胞毒性数据用至半数细胞死亡的化合物浓度显示，浓度越高，毒性越低；阳性对照别嘌呤醇的细胞毒性很高，没有在本试验范围内。

资料来源：南京大学盐生植物实验室最新研究。

用这5个米草素新化合物和别嘌呤醇进行了小鼠高尿酸动物模型的试验，血生化测试结果显示，米草素-A2和米草素-C2对高尿酸血症小鼠的降尿酸功效较好，尤以米草素-C2非常接近别嘌呤醇的降尿酸数据；可喜的是，米草素新化合物保肝护肾的作用都强过别嘌呤醇。南京大学米草团队已将成果总结，申请了4项发明专利(全部获得授权)，投递了2篇SCI论文(均已发表)。

第二是针对米草提取后的草渣继续开发，即对米草提取后获得的大量草渣进行系列开发。首先利用草渣培育食用菌、药用菌，然后在收获了菌菇的菌渣上再培养蚯蚓，再利用蚓粪生产添加米草解磷菌剂的有机肥，改良盐土或肥沃农田，把米草渣“吃干榨净”，实现零排放(图10-2)。

不仅如此，接种米草解磷菌剂和AM菌(丛枝状菌根菌)通过提高植物生物量可能有益于海滨土壤生态系统螯合大量碳。这是因为植物根系为外源真菌提供光合产物，而外源真菌又通过真菌菌丝将光合产物运送到根际土壤中。我们的研究中通过向海滨盐土施加含米草解磷菌剂和AM菌的有机肥，提高了土壤有机质含量，从而增加了土壤碳库。此外，引入的外源微生物刺激原有土壤微生物的增殖，有利于有机物的腐殖化，再次促进碳库的扩容(图10-3)。

图10-2 南京大学米草团队用米草渣(提取生物矿质液后的废渣)育菇获得成功

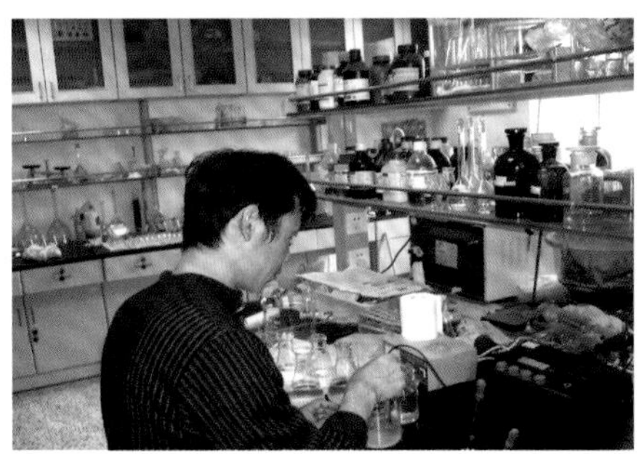
图10-3 海滨盐土益生菌接种后的土壤性状测试

第 11 章
结　语

读者们和我一起阅历了“闻香识米草”的过程，了解到米草之香来自其体内的生物活性物质，知道富含这些生物活性物质的米草提取物有益于人体健康，而且着眼于全国 110 万亩互花米草资源化利用的米草产业有望为亿万国人提供健康保障，为全国沿海增添蓝碳宝藏。

一棵草能成就一个大产业？一棵草能挑起亿万国人健康保障之重任？一棵草能为全国沿海增添蓝碳宝藏？读者们在读完《闻香识米草》后能够有所领悟：因为归根结底，撬动这个杠杆的支点就是科技创新。

图 11-1　鉴于作者研究互花米草的应用开发 40 年如一日，成果丰厚，中国生态学会授予其“突出贡献奖”

南京大学和南京施倍泰生物科技有限公司的米草团队正在继续进发：米草膏药正在火热研制中；米草面膜正在进行活性测试；米草素的结构修饰和全套药学试验正在有序安排中；10月份米草收割后的滩涂大型观鸟活动正在积极报名中；与广药合作开发的米草功能啤酒完成灌装，准备派发……

希望有更多的读者朋友来“闻香识米草”，关注米草产业，有朝一日，我将在米草滩上和你们相会，一起“闻香”。